放射線防護の科学と人権

緑風出版

まえがき

　人類／生命は放射線被曝から命を守らなければならない。それには「ありのままの被曝を認識する」ことが必要だ。実際に「命を守れる」ことが必要だ。

　ありのままということは生命体に対する放射線の影響を科学的に正確に把握することが、防護の土台として必要なのだ。

　被曝の影響があるのにそれを認識できないのでは防護にならない。この場合、科学力が至らないという側面ともう一つの側面がある。

　放射線被曝を与える原因（例えば原発）が社会（場合によっては一部の人）に必要であるとすると、どこまで許容できるか、という妥協点を見いだす必要があるという主張がある。

　どれだけ許容するかを考えるとき、人権を主体として位置付けるか、社会の要請を主体として考えるのか？

　どこまで許容させるかは、生命にとっての防護基準として考えるか、社会統治の基準として考えるかの凌ぎ合いが生ずる。

　原発産業の利益維持を主体とする場合、得てして「社会の要請」として主張される、功利主義が入り込む。功利主義はしばしば、科学性をも奪い取るし、人権をも破壊する。

　生命の安全、即ち人権を基準とする場合は、被曝を与える原因を排除することをも当然視野の内に入る。功利主義とは相容れない世界観の違いが出てくる。

　未来に続く地球を視野に入れて被曝防護を考える場合に科

学と人権の両方の観点が必要となる。

　人類史的に見ると科学と人権に立脚した放射線防護学が必要なのだ。

　放射線被曝分野では、「放射性降下物は極少だった」とする米軍核戦略を振り出しに、戦後一貫して内部被曝の隠蔽に政治も科学も総動員されてきた。

　政治的、科学的、哲学的隠蔽で、多くの人が命を失い、人生を狂わされ、苦難を強いられてきた。

　本書では、国際放射線防護委員会（ICRP）および国際原子力ロビーの「被曝の現実を知らしめない」ために構築されてきた虚偽の世界を、科学的・人権的な原点に立って批判する。

科学的視点から

　現実をありのままに認識することが科学的ということだ。「事実をありのままに認識することは民主主義の土台である」。科学的であることは人権を尊重することでもある。

　放射線による健康被害は被曝した放射線量（吸収線量）が多いほど多くなることは常識である。

　もう一つの原理がある。「電離損傷修復困難度」（生物体内での放射線被曝を受けての修復失敗率）だ。人は放射線により傷付けられたところを修復する能力があるが、被曝状況により修復度合いが異なるのである。

　吸収線量が同じなら電離損傷修復困難度が高いほど健康被害は多くなる。電離が分散していると修復困難度は小さく、健康被害は少ない。外部被曝ではほとんど無視できる粒子放射線（アルファ線、ベータ線）は内部被曝では密集した電離を

与え、修復困難度を高くする。すなわち、健康被害を左右するもう一つの因子「電離損傷修復困難度」が存在する。

　ICRPは、2原因を1原因に見せ掛ける操作により、「電離損傷修復困難度」を見えなくする。これを無視すると被曝被害の全容は語れない。

　ICRPは、健康被害は一元的に被曝線量だけに比例するとして電離損傷修復困難度を無視したのである。その被曝線量は実効線量と名付けられた。実効線量は架空（でっちあげ）の線量だ。一見事実を反映しているかに見える。しかしここに大きな落とし穴が設けられているのだ。

　無視すなわち修復困難度をブラックボックスに入れて「定数」とした。

　2つ原因があるのを1つに単純化することにより、他の1要因を封じ込め、内部被曝も外部被曝も全く同じであるという「事実を反映しない虚構の体系」が作られた。

　虚構の体系が現実を支配するとき、どのような人権破壊が生ずるか？　どのような権力支配、どのような差別が行われたか？

　被曝被害はほとんど全てが他の疾病、免疫不全と重なって現れる。その死亡に被曝が関与していても虚構の体系は見事に「放射線は関係ありません」と結論づける。死亡原因は全て被曝以外の別の理由とされる.

　広島長崎の原爆、核実験、原発等の被害者死亡者はおよそ実際の 1000 分の 1 ほどにしか見られていない。

いかに被曝を市民に受け入れさせるか？

　ICRPは 1950 年に発足して以来功利主義を深めてきた。

世界市民に対して、いかに被曝を受け入れさせるか──これを最大の課題として来た。

核産業が存在する限り付随する放射能を生成し拡散し続け、全ての生物に対して種の存続を危険に晒し続ける決定的な負の側面をいかに強力に隠すか？

そしていかに被曝を従順に受け入れさせるかの「科学的」「哲学的」虚構世界を深化させ続けた。それを本書で明らかにする。

日本政府は法治主義を放棄して国際原子力マフィアの哲学に従った

悲しいかな。東電福島事故後の日本政府（民主党菅直人内閣）はこの哲学を全面的に受け入れた。原子力災害対策特措法を無視して、法律で決められている組織を立ち上げず、法定外の組織を立ち上げた。法律で定められた線量規制をかなぐり捨てた。憲法どころか、国際人権法、国際人道法に反した避難者扱いを強行した。法治主義を放棄し、主権を放棄し、国際原子力ロビーのかいらい政権となった。

最初の内部被曝排除の犠牲者は被爆被災者

最初の内部被曝無視は原爆投下現場に適用された。

米軍の核戦略を日本政府はそのまま受け入れ、被爆者医療法、被爆者援護法に内部被曝排除が具体化された。放射線被曝を初期放射線の外部被曝だけに限定したのである。被曝影響範囲を外部被曝だけの半径2kmとしたのである。

1号及び2号被爆者（被爆者援護法第1条に規定される「被爆者」4区分の直接被爆者および入市者）の爆心地からの距離（被曝範囲）が外部被曝だけに限定されたのである。

6

内部被曝範囲の規模は、水平に広がる原子雲の広がった範囲である。半径12km〜15km程にきわめて強い放射能環境が作られ、黒い雨が降った。

　現実の被爆被災者は放射性微粒子による内部被曝で健康を破壊された。

　今日に至るまで日本政府は内部被曝を受け入れない。被爆被災者には「内部被曝はありませんからあなたは被爆者にはなれません」とし続けた。「被爆者支援行政」は内部被曝で被曝した被災者を「内部被曝排除」のシステムで処理しようとして、被爆者行政に差別の体系がもたらされ猛威を振るった。

本書の提案

　本書は、科学と人権に立脚した真の「被曝防護体系」の骨組みを明らかにする。原爆投下後一貫して「内部被曝」が隠蔽されてきたが、その構造と被害に遭った方々の実態に迫る。それを支えてきた「科学（もどき？）」の一端を紹介し、それに対する真の姿も紹介する。

　東電原発事故では日本の法治主義の放棄がどのように行政に入り込み、主権放棄、棄民、国際原子力機関（ＩＡＥＡ）への屈従が生じたか。また、チェルノブイリの「移住」を再現しないためにＩＣＲＰ等の国際原子力ロビーによって生み出された「従来の古典的介入」を放棄した防護しない施策の結果、どのような悲劇が生じたかを明らかにする。

　被曝分野での法治国家の主権放棄を紹介するが、科学と人権に立脚した民主主義を構築することが、今の日本政治全般に求められていることを強く感じていただけることを期待する。

まえがき　7

放射線防護の科学と人権●目次

まえがき —— 3

§1　なぜ新たな防護体系が必要か？.............................13

　　　第1節　ＩＣＲＰは功利主義に基づく体系 —— 13
　　　第2節　ＩＣＲＰ体系は科学原則を無視する体系である —— 20

§2　ＩＣＲＰの功利主義哲学...31

　　　第1節　生存権と公益が天秤に掛けられる —— 31
　　　第2節　功利主義哲学の変遷 —— 32
　　　第3節　被曝被害隠しと被曝強制の哲学 —— 34

§3　国際放射線防護委員会の哲学（防護三原則）について...37

　　　第1節　行為の正当化 —— 37
　　　第2節　防護の最適化 —— 39
　　　第3節　線量限度と参考レベル —— 40

§4　国際原子力ロビーの「防護せず」の開き直り……43

　　　第1節　チェルノブイリ法 —— 43
　　　第2節　現実の健康被害を認めない「科学」の二極化 —— 45

第3節　原子力ロビーの防護から防護せずへの豹変
　　　　── 48
第4節　ＩＡＥＡの1996年会議「チェルノブイリ事
　　　　故後10年」── 50
第5節　住民を高汚染地域に住み続けさせる具体策：
　　　　ＩＣＲＰ2007年勧告── 52
第6節　東電福島原発事故の放射能汚染の実態── 55

§5　東電福島原発事故 ······················59

第1節　主権放棄、法治主義放棄、国際原子力ロビー
　　　　への服従・傀儡化── 59
第2節　法治国家の放棄─いかに人権が切り捨てられた
　　　　か？─ 60
第3節　基本的人権・法治国家から見た東電事故処理
　　　　─国は住民に「被曝せよ」と迫った─── 64

§6　東電原発事故後の健康被害 ··················71

第1節　放射線被曝被害はなかったのか？── 71
第2節　小児甲状腺がんの高率発生── 75
第3節　甲状腺被曝線量測定は誠実に実行されていな
　　　　い── 79

§7　事故以来9年間で何と63万人の異常過剰死亡と57万人の異常死亡減少 ··················91

第1節　厚労省人口動態調査── 91

第2節　日本独自の被害 —— 92

第3節　性別年齢別死亡率—死亡率増加と減少の2パターンが判明— —— 94

第4節　年齢調整死亡率及び粗死亡率 —— 107

第5節　多数の死亡分類で 2011 年以降死亡率増加 —— 109

第6節　原因別死亡数（老衰、精神神経系および個別障害） —— 111

§8　死亡以外の健康被害 ………………………………… 117

§9　チェルノブイリと日本の比較 ……………………… 123

§10　内部被曝を無視した被爆者援護法の基準は巨大な差別を生んだ ……………………………………… 135
——内部被曝無視を誘導した科学を批判する——

第1節　米核戦略による内部被曝隠蔽と被爆者援護法 —— 136

第2節　被爆者援護行政における差別制度 —— 141

第3節　長崎被爆体験者訴訟および広島黒い雨訴訟弁論で確認した主たる科学的事実 —— 147

第4節　衝撃波が原子雲を育てたのではない —— 151

まとめ —— 154

§11　ＩＣＲＰの科学からの逸脱 ················ 155

第 1 節　核抑止論と内部被曝隠蔽 ── 155

第 2 節　内部被曝を見えなくするための数々の仕組み
　　　　── 156

第 3 節　2 要因ある因果律を 1 要因に絞つたＩＣＲＰ
　　　　基準 ── 158

第 4 節　修復の困難さ─分子切断と生体酵素との対応
　　　　── 161

§12　科学的リスク評価体系 ····················· 167

第 1 節　評価すべき内部応答 ── 167

第 2 節　リスク評価の方程式 ── 168

参考文献 ── 171

あとがき ── 183

§1 なぜ新たな防護体系が必要か？

　確認された事実を誠実に反映する防護体系でなければ真の放射線被曝防護はできない。人類は科学と人権に則った防護体系を求めている。

　国際放射線防護委員会（ICRP）は以下の点で、科学と人権に則った体系ではない。科学の視点で観たとき、ICRPの役割は、内部被曝を見えなくし、生体の生理作用の広汎に及ぶ被害を見えなくさせるための科学的粉飾の体系と言えよう。体系の柱に科学の筋が通っていないことが、被曝を科学的に学習することを妨げている。

第1節　ICRPは功利主義に基づく体系

1　経済的自由を最優先にして、生存権など基本的人権を平気で侵害する。

　日本国憲法では、憲法13条「すべて国民は、個人として尊重される。生命、自由及び幸福追求に対する国民の権利については……最大の尊重を必要とする」としている。

　自由に関しては、精神的自由と経済的自由の二つに分けられる（二重の基準）。精神的自由：基本的人権としての自由（思想・信条の自由、学問の自由、表現の自由、結社の自由、社会権、団結権等）。

　基本的人権（生存権と精神的自由）は、経済的自由より優越

的地位を占める。

　原子力発電所の稼動は、経済活動の自由（憲法22条1項）に属するものであり、憲法上は生存権と精神的自由よりも劣位に置かれるべきものである。

憲法
　第十一条　国民は、すべての基本的人権の享有を妨げられない。この憲法が国民に保障する基本的人権は、侵すことのできない永久の権利として、現在及び将来の国民に与へられる。
　第十二条　この憲法が国民に保障する自由及び権利は、国民の不断の努力によつて、これを保持しなければならない。又、国民は、これを濫用してはならないのであつて、常に公共の福祉のためにこれを利用する責任を負ふ。
　第十三条　すべて国民は個人として尊重される。生命、自由及び幸福追求に対する国民の権利については、公共の福祉に反しない限り、立法その他の国政の上で、最大の尊重を必要とする。
　第二十二条　何人も公共の福祉に反しない限り、居住、移転及び職業選択の自由を有する。
　第二十五条　すべて国民は、健康で文化的な最低限度の生活を営む権利を有する。

　生存権は憲法において上記の様に規定されているだけでなく、世界人権宣言第3条においても「すべて人は、生命、自由及び身体の安全に対する権利を有する」とされる。

現実の価値判断において、生存権は第一級の重さで保障されるべきもので、国家は最大限の力を発してこれを守らねばならないのである。原子力発電営業権を優先させ、生存権を犠牲とするようなことはあってはならないのである。

2　ＩＣＲＰは原発による電力生産活動を生存権の上に置く

　ＩＣＲＰは、『『リスクを容認できる』ことを前提に、放射線防護の体系として『正当化』、『防護の最適化』、『線量限度の適用』という防護三原則を定式化する。この「防護三原則」[1] 等に見られるように、経済活動を人格権の上に位置づける「功利主義哲学」を基本的な思想としている（後出 §3）。

　経済的自由を基本的人権（生命権、思想および良心の自由）の上に置く功利主義は基本的人権を切り刻む。

　ＩＣＲＰの功利主義は基本的人権を重視する視点に置き換えられるべきである。

3　功利主義の深化

　ＩＣＲＰの功利主義哲学は、リスク受忍論、リスクベネフィット論、コストベネフィット論、ＩＣＲＰ防護三原則として展開してきた。

　功利主義の歴史は彼らの掲げたスローガンで概略理解できる。

　1954 年、まずは人命救済第一を謳った。「可能な限り低く」As Low As Possible.

　1959 年、「実現できる範囲でできるだけ低く」As Low As Practicable. ALAP

　1966 年、「社会的経済的に可能な範囲で」 As Low As

§1. なぜ新たな防護体系が必要か？　15

Readily Achievable. ALARA

1970 年、「合理的に達成できる範囲で」 As Low As Reasonably Achievable. ALARA

1977 年、ＩＣＲＰ防護三原則 「正当化、最適化、被曝限度」。

1996 年、功利主義を極限化し、「防護せず」に転換。

国際原子力機関（ＩＡＥＡ）会議「チェルノブイリ事故後10 年」で、

「永久的に汚染された地域に住民が住み続けることを前提に、新しい枠組みを作り上げねばならない」。

2007 年、国際放射線防護委員会（ＩＣＲＰ）の 2007 年勧告が、新しい体系を具体化。

「事故が起これば 100mSv まで OK」。ついに「放射線のあるがままに被曝させてください」に開き直ったのである。

「国際放射線防護委員会（ＩＣＲＰ）の 2007 年勧告は、人権の基本である「健康を守る」立場（防護行動過程に基づく行為と介入体系）から「国家統治」（計画／緊急時／現存の３被ばく状況に基づく体系）に立場を変えている。被曝防護基準から被曝強制基準へと変えた。

核産業ありきの典型的な人権の根本否定であり、功利主義を通り過ぎて核権力のファシズムである。「東電事故」では日本政府の主権放棄で受け入れさせられたが、今後この「知られざる核戦争」の餌食として人類は二度と「無条件降伏」してはならない。

民主主義を否定するＩＣＲＰの「防護３原則」正当化

核施設のもたらす「公益」（全体の福利）と基本的人権を競合させ、公益が基本的人権より侵害されるリスクが大きい時

は、核産業は許されるとする。本来不当な比較である。

　全く概念の異なるものをいかにして大きい小さいと判定するのか？

　経済活動権と人格権（生存権）が全く異なる次元であるために、いかようにも操作可能な天秤を作ることが可能であり、原子力産業の維持が優先権を持つ論理構造である。基本的人権を基盤とする民主主義の破壊である。

　チェルノブイリ事故においては、「基本的人権を守る」ことを明記したチェルノブイリ法[2]が敷かれ、懇切丁寧な被曝防護と人格権・生活権擁護が実施された。年間１mSvを基準として「古典的防護（住民の被曝を実際に軽減する）」が施行された。

　しかしこれには予算が「掛かりすぎ（ＩＡＥＡ）」原発産業の維持はもとより国家財政も困難な状態となった。なお、国際原子力機関（ＩＡＥＡ）は核不拡散条約（核兵器禁止条約が全世界に適用されることを阻止している）と原発推進の要となる機関である。

　健康被害については国際原子力ロビーは甲状腺がん以外は認めようとせず、地元専門家・科学者との間に「科学の二極化」が生じた[3]。事故後住民に生じた疾病を被曝によると認定するかしないかの「判定」を巡って二つの陣営に対立したのだ。

　国際原子力ロビーとは、核兵器・原発を支える核産業の維持を目的に、哲学／科学／政治的な手法で世論操作を行うグループである。その主要組織は、①国際原子力機関（International Atomic Energy Agency：ＩＡＥＡ）は、国連の保護下にある自治機関。核不拡散と原発推進の国際的元締

§1.　なぜ新たな防護体系が必要か？　17

め。②国際放射線防護委員会（International Commission on Radiological Protection（ＩＣＲＰ）は、放射線防護に関する勧告を行う民間の国際学術組織。核推進国・機関から推薦された専門家と拠出金で運営される。③原子放射線の影響に関する国連科学委員会（United Nations Scientific Committee on the Effects of Atomic Radiation: ＵＮＳＣＥＡＲ）は、電離放射線による被曝の程度と影響を評価・報告するために国連によって設置された委員会。放射能被害を認知させないために情報制限を行う（チェルノブイリ事故後の科学の二極化）。

　ＩＡＥＡは 1996 年に「チェルノブイリ事故 10 年」[4] と題した会議を開き、事故の際には「永久的に汚染された地域に住民を住み続けさせる」という「防護せず」に路線を変更した。この方針の具体化は 2007 年のＩＣＲＰ勧告[1] によってなされた。

4　数値化により事故を肯定し原発産業の延命を計った

　ＩＣＲＰ 2007 年勧告[1] において、ＩＣＲＰは、「防護行動過程（procedures）に基づいて行為と介入に分類した従来の体系から、計画／現存／緊急時という３つの被ばく状況（situations）に基づく体系に変更した」と述べる。これは、被曝防護という概念で、人権に基づく健康を守る放射線被曝防護（防護行動過程）の体系を、被曝状況に基づく国家統治の体系（３つの被曝状況に基づく体系）に変更したことを宣言する。健康保護のための被曝限度を設ける従来の枠を破棄すると宣言しているのである。公衆被曝を例に取ると、今まで 1 mSv ／年（線量限度）一本槍であったのを、事故があれば、「参考レベル」という用語まで新設して、100mSv まで許容

するとしたのである。

その手法は、「被曝状況」を拡大して事故があった場合の基準を数値化した。これにより事故をも容認して高線量を受忍させる体系を作った。高線量の基準を作ることにより事故を肯定したこと、原発産業の延命を計ったこと、住民の被曝を現実に軽減させる「古典的措置」を事実上否定し、高線量対応「永久的に汚染された地域に住民を住み続けさせる[4]」ことを具体化したのである。

5　民主党政権は法で定められている規制を無視し、法治国家を放棄し、ＩＣＲＰに従つた

東電福島事故では、大量に放射能が放出され、生存権が危うくされたとき、原子力ロビーの「防護せず」の方針を民主党政府が適用して、20mSv／年の基準を採用した[5]。菅直人内閣は原子力災害対策特措法（以下特措法と略記）の規定を無視し、かつ法令にない組織を立ち上げることによって法律で規定される 1mSv/ 年を放棄する体制を整えたと言える（例えば、内閣府に「内閣府原子力被災者生活支援チーム」を設置し、現地には、法的に規定される「原子力災害合同対策協議会」を組織せずに、法的に規定されていない「福島原子力発電所事故対策統合本部」等をたち上げた）。施行手順が超法規的となり、避難訓練で確認されている施策実施が困難となった。

まさにＩＡＥＡが人類の生存権を脅かし、功利主義むき出しに開き直った路線[4]に民主党政府は乗っかったのである。「永久的に汚染された地域」に住民を住み続けさせた[9]のである。

これにより日本独特の被害が拡大した（§7参照）。この被

§1.　なぜ新たな防護体系が必要か？　19

害自体極めて周到に隠蔽されているのである。

　特に日本のような地震大国においては原発の安全性は自然科学的事実に基づいて確保されるべきである。この必須な「安全確保」においてもＩＡＥＡ等原子力ロビー路線は自然科学的確認事項を無視して「安全」を確保できない基準を提起し[13]、人類と自然に挑戦している。

6　国際基準の無視（国内避難民）――自主避難民と強制避難民の差別

　国内避難民[6]（国連人権委員会、国際人権法、国際人権規約）の定義を適用すれば、強制避難者も自主避難者も全く同等である。

　国内避難民とは、「自らの住居又は常居所地から、特に武力紛争の影響、暴力が一般化した状況、人権侵害又は天災若しくは人災の結果として、又はこれらを避けるために、避難すること若しくは離れることを強制され、若しくは余儀なくされた個人又は個人の集団で、国際的に認知された国境を超えていないものをいう」。この定義によれば、強制避難者も原子力災害を避けるために自主的に避難した者も全て「国内避難者」である。しかるに日本では著しい差別が存在する。ちなみに、チェルノブイリにおいては自主避難者も強制避難者も全く対等の処遇であった。

第2節　ＩＣＲＰ体系は科学原則を無視する体系である

　ＩＣＲＰ被曝防護体系は、科学的原則を逸脱することによって、被曝被害を見えなくする「非科学的体系」である。

1 科学かどうか

ＩＣＲＰは規制体系に属する。規制体系とは、真理の追究それ自体を目的とする学術研究と異なり、政策決定に使われることを目的とした体系をさす。規制科学の特徴は、①専門家集団内部ではなく政府・産業界などから評価される、②評価の基準はオリジナリティよりも政策的適合性、③時間的制約が大きく証拠が出るまで待てない、④データや分析結果は必ずしも公表されず、信頼性を保つためにフォーマルな手続きが重視される[7] などである。

放射線被曝評価体系を科学と人権を基準に再検討し、基本的人権と科学に立脚する体系を作ることが必要だ。

2 科学（因果律）の破壊

ＩＣＲＰは、先ず、科学の基礎とされる因果律を破壊する。その上に立って、リスクは全て実効線量（計測できない架空の吸収線量）に比例するとする。

どのようにして因果律が破壊されるか？

放射線被曝のリスクの要因は二つある。

一つは吸収線量（一般的表現では外部刺激）。放射線は「電離」により対象物体に損傷を与えるが、吸収線量は電離の数の多さを表現する。これは電気関係では、銅に電場を変化させると電場に応じて電流が流れるという同一物体の同一伝導度における電場による刺激である。

もう一つは、電離による損傷修復の困難さ（一般的表現では「内部反応」の強さ）。これは電気関係においては、鉄、銅、金などの金属、半導体、絶縁体等の物質によって異なる「電

§1. なぜ新たな防護体系が必要か？　21

子の動きやすさ」に相当する。

　リスクは吸収線量（外部刺激）と損傷修復困難度（内部応答）の２要素に依存するところを、ＩＣＲＰは強制的に「リスクは吸収線量（実効線量）のみに比例する」と設定する。線エネルギー付与（単位長さ当りの電離エネルギー）が大きく、損傷修復困難度の大きい a 線は、修復困難度は変わらず、生物学的等価線量（実効線量）が吸収線量の 20 倍であると設定される。数学的に言えば、「全ての被曝状況での損傷修復困難度（内部応答）は等しい定数である」とすることである。ＩＣＲＰの設定した生物学的等価線量を規定する「放射線加重係数」は、a 線：20、$β$ 線：1、$γ$ 線：1である。

　放射線内部被曝で言えば、修復困難度に関する一切の要素が排除され、内部被曝の危険度が見えなくされる。放射性原子が密集する「放射性微粒子」状態か単一原子ごとか、水溶性か不溶性か、あるいは放射線の種類によって「線エネルギー付与」が異なる、あるいは修復能力が個体により、年齢により性別により異なることを一切無視して「一定」としてしまうことである。

　リスクの依存する原因要素が２原因あるものを吸収線量（一元化された後の名称は実効線量）のみの１原因論に還元するという「似而非単純化（単純化の振りをして一方の要因を無視できるようにする）」の手法によって内部応答を不問に付し「内部被曝は外部被曝と同じ」[8] としたのである。

　ＩＣＲＰは、二元的であるリスク要素を一元化することにより、電離密集度（内部応答）が著しい内部被曝を見えなくするという「科学的目くらまし」を行っている。即ち状況によりまた個体に依存する電離修復困難度の危険を見えないも

22

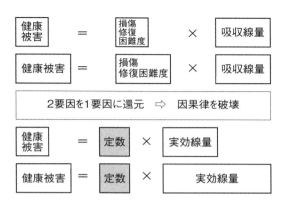

図1　2要因を1要因にして修復困難度を一様（定数）とする

のにする（隠蔽する）「似而非単純化」を原理として採用した。

　この関係を**図1**により説明する。

　図1の上段には、因果関係を示す関係が示されている。吸収線量は変わらず修復困難度のみが異なる2つの場合を示している。それに対してＩＣＲＰ法式で健康被害の大きさを実効線量で表わす法式を下段に示す。ここでは健康被害を実効線量に比例するとする場合の関係を表わすのだが、健康被害が実効線量に比例することを示すためには上段で「修復困難度」として示した項目は全く変化せず「定数」であることが必要である。かくして、「健康被害は実効線量に比例する」とすることは「損傷修復困難度」がどのような場合でも定数であることを必要とする。「実効線量」は因果関係を否定する。即ち科学的関係を拒否する手段なのである。

　ＩＣＲＰ体系での例は、放射線加重係数⇒生物学的等価線量（架空の吸収線量）、組織加重係数⇒実効線量などがこの

§1. なぜ新たな防護体系が必要か？

内部応答（損傷修復困難度）を電離状況や個体の修復能力が変わっても変化しない一定値と見なす「一元化」手法によって作り出された。因果律破壊の似而非科学的生成物である。

3 「内部被曝は外部被曝とほぼ同等」が成り立つのはγ線のみ

　外部被曝は主として飛程の長いγ線（ガンマ線）である。γ線は確率的にある程度γ線のママで進行した後に高速電子をたたき出す電離を行う。このプロセスは2種類あり、γ線が消失する場合を光電効果、低エネルギーのγ線が残る場合をコンプトン効果という。従って、γ線は内部被曝でも外部被曝でもほぼ同様の被曝分布を持つ。α線（アルファ線）とβ線（ベータ線）はγ線に比し飛程が極めて短い。外部被曝では特殊な被曝状態を除いて、ほとんど無視することができる。内部被曝で初めて放射性物質・微粒子の「被曝」:「電離」が脅威となる。粒子放射線なので、崩壊した場所から衝突によって電離を行う。これらは内部被曝特有の被曝状況を形成する。不溶性の放射性微粒子の場合が典型的である。放射線種ごとの飛程と電離状況を**図2**に示す。γ線はベータ線同様の高速電子をたたき出すので、「β線と同様」と見なされることが多いが、放射性微粒子のように発信源が固定している場合、β線と決定的に異なるのは、高速電子が広域に分散することである。

　放射性微粒子が身体内に入った場合、その微粒子が水溶性（血液等に溶けて原子が1個ずつバラバラになる）の場合とカリウム40（原子が1個ずつバラバラで全身に分布する）の場合は、β線の分布はγ線による高速電子の分布と同様に身体全体に及ぶ。不溶性の場合はその微粒子中心に半径を最大飛程（放射

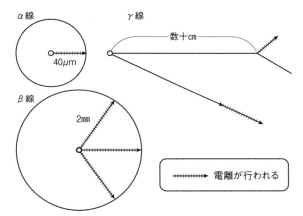

図2　線種ごとの飛程と電離状況。不溶性微粒子周囲の電離状況を示す。　　　　　著者作成

線の走る範囲）とする局所に電離が集中して、γ線とは全く異なる高密度電離状況を呈する。α線は水溶性微粒子からの発射の場合も含めて高密度電離をもたらす。

4　組織ごとのがんなどの発症率に比例する線量の和とされる実効線量

　さらに同様な手口により、ICRPは、組織ごとのがんなどのリスク係数に比例して組織ごとの線量が決まり、その和となる実効線量を設定している。

　ここでも「リスクは線量に比例する」という「一元化」の誤りを体系化して繰り返す。実効線量は「一元化」の誤りの上に「数学則」に反する架空量である。

　加減算ができる物理量を表わす数を「示量変数」、加減できず、強さを示す物理量が「示強変数」であるが、それらを

§1.　なぜ新たな防護体系が必要か？　25

混同してはならないという規則がここで言う「数学則」である。吸収線量という質量当たりに規格化されたエネルギーという示強変数を示量変数として扱う誤用をＩＣＲＰが侵しているのである。決定的な被害過小評価の目くらましは、リスクをがんなどに限定する「リスクの過小評価」である。

　放射線被曝の全体リスクの一部分でしかないがん等のリスクに限定して組織加重係数が設定されているために、多様で巨大な放射線被曝被害の全容が全く見えなくさせられる。フリーラジカル症候群（吉川敏一）[10]に匹敵する多種多様な被害を隠蔽するのである。この過小評価は電離の被害をＤＮＡに限定するという手段と合わせて隠蔽がより徹底される。

5　電離の対象をＤＮＡだけに限定する

　その手段として一例はＩＣＲＰは事実上の電離被害をＤＮＡに限定する[9]。

　放射線電離の３分の２は体内水分子が電離されることである。多大な活性酸素（フリーラジカル）が生成する。ＩＣＲＰは電離被害をＤＮＡに限定しているが、ここでもこの活性酸素が化学的にＤＮＡを破壊することしか取り上げない。

　放射線が電離を行うのはあらゆる組織に対してであり、例えば細胞膜を破壊する等々の効果をＩＣＲＰは無視する。

　放射線電離効果は直接と間接を合わせて、全身あらゆるところに及び、そのリスクは活性酸素症候群あるいはフリーラジカル症候群として知られる。

　吉川敏一「最終講義」『フリーラジカルの医学』に「フリーラジカルと疾患」として全身に及ぶ25種の疾病を上げている。それらは、脳梗塞、アルツハイマー病、パーキンソン

病、エイジング、白内障、ドライアイ、花粉症、口内炎、心筋梗塞、心不全、肺気腫、気管支喘息、腎不全、糸球体腎炎、逆流性食道炎、胃潰瘍、炎症性腸疾患、アルコール性肝疾患、非アルコール性肝疾患、閉塞性動脈硬化症、関節リュウマチ、動脈硬化症、がん、である。さらに吉川氏は「フリーラジカルの関与する病態・疾患」として40種類の病態・疾患を上げている[51]（§11　ＩＣＲＰの科学からの逸脱の165頁参照）。

　放射線被曝下では、フリーラジカルの関与する疾病は必然的に放射線被曝が関与する。しかしこれらのほとんど全てが、ＩＣＲＰ等の原子力ロビーでは放射線障害から排除されている。放射線電離は多量の活性酸素を生み、多様な活性酸素症候群を生むことは必然的であるが、それが認知から排除されている。必然的に関与する症候群が「放射線起因」にはカウントされず、それぞれの疾病名で放射線とは関係ないとされて処理されているのだ[10, 51]。放射線漏洩事故の際に、賠償対象となるべき健康被害がおよそ3～4ケタの規模で、隠蔽されているのだ。

　ＩＣＲＰ等は放射線損傷の被害組織をＤＮＡに限定しているが、ＤＮＡ限定が被曝被害の多様さを隠蔽する手段となっている。

6　現行の放射線防護の体系が教科書化されている危険

　ＩＣＲＰ体系は、医学、看護学、原子力工学等々の放射線についての学習体系の教科書や医療現場などの物差しとして使われている。計り知れない悪影響がある。放射線被曝に関する科学的思考を行えない専門家が養成される。

　欧州放射線リスク委員会（ＥＣＲＲ。1997年に結成されベル

ギーに本拠を置く市民団体）の体系がＩＣＲＰ体系の改善版で
ある。ＥＣＲＲ体系は端的に言えば、科学的にはＩＣＲＰの
諸量とその体系をそのまま移行させ、放射線被曝により健康
被害を生じるその係数をＩＣＲＰより２〜３ケタ高く評価し
ているものと略解できる。ＥＣＲＲのリスク評価批判の目を
継続・発展させ、科学としての体系を確立しなければならな
い。

7　本来あるべき科学と人権に立つ防護体系

　提案しようとしている仮称「日本放射線リスク委員会」
(Japanese Committee on Radiation Risk：ＪＣＲＲ) 体系は、Ｉ
ＣＲＰ体系を先ず科学の体系として批判し、ＩＣＲＰがその
功利主義（核産業の生き残り戦略）によって被曝をいかに住民
に受け入れさせようとしてきたかを批判し、その上で科学の
土台の上に構築された基本的人権に則った哲学に依拠する防
護体系を構築し、放射線被曝を、事実をありのままに認識す
ることのできる「科学の目」で見えるようにすることである。

　　①被曝被害隠しと被曝を強制する哲学：「功利主義
　　　哲学」[11] を科学の土台の上に基本的人権を確立
　　　するための哲学に置換すること。
　　②ＩＣＲＰ 2007 年勧告[1] は、「被曝状況」を拡大
　　　して事故があった場合の基準を数値化した。数値
　　　化により事故をも容認し、極めて重大な原子力産
　　　業延命策である高線量を受忍させる体系を作った
　　　（健康防護体系から国家統治体系への変換）。そもそも
　　　事故により生物の耐放射線被曝免疫能力が増すわ

けではない。国策で実施される原発エネルギー事業において文字通り国の責任[5]を明確にし、基本的人権に則る科学的基準を作成する必要に迫られている。

③実効線量体系をはじめとする科学的原則を逸脱して、被曝被害を隠蔽し被害を見えなくする体系（ＩＣＲＰ用語から言うと社会的経済的体系）を科学的原則に忠実な「科学の体系」に置き換えることが、同時に基本的人権に立脚する体系を構築することである。

§2 ＩＣＲＰの功利主義哲学

▶ 功利主義：利潤追求型産業の「公益（実は私企業の私的利潤：以下同様）」と「生存権に対するリスク」を天秤に掛ける

　すべての原子力・医療等の放射線関係の「被曝防護」に関する取り扱いは、国際放射線防護委員会（ＩＣＲＰ）の防護三原則が適用される。

第1節　生存権と公益が天秤に掛けられる

　この内容について「放射線被曝による健康被害（人格権の破壊）を功利主義（「功利・効用をものごとの基準とする考え方。実利主義」）によって『受忍』させる哲学が『ＩＣＲＰ防護三原則』なのである」と中川保雄氏は述べる [11]。

　その根拠を述べる。

　大飯原発再稼働差し止め裁判で、樋口英明裁判長の下した判決 [13] は次の言及を含む。

　　　原子力発電所は、電気の生産という社会的には重要な機能を営むものではあるが、原子力の利用は平和目的に限られているから（原子力基本法2条）、原子力発電所の稼動は法的には電気を生み出すための一手段たる経済活動の自由（憲法22条1項）に属するものであって、憲法上は人格権の中核部分よりも

31

劣位に置かれるべきものである。

　第1原則「正当化（その活動の導入又は継続が、活動の結果生じる害（放射線による損害を含む）よりも大きな便益を個人と社会にもたらすかどうか）」[1] には、個の尊厳として位置づけられる人格権の否定、基本的人権を否定する概念が堂々とうたわれている。民主主義が基本となる近代的社会において民主主義の基本理念を真っ向から否定する考え方であり、民主主義社会としては受け入れてはならない倫理違反である。これが堂々と通っているのが現状である。核産業特有のむき出しの功利主義である。
　ICRP三原則[1] では、人格権と公益（発電などの産業営業利益に属する概念）が天秤に掛けられる。同じ物差しで測ることのできない全く異なった概念量を天秤に掛けるという不正常な比較が特徴だ。基本的人権を守る民主主義上の概念とは明確に異なる功利主義が貫徹させられていることを先ず指摘する。
　ICRPはどのような過程を経て「防護三原則」にたどり着いたか？

第2節　功利主義哲学の変遷

　ICRP功利主義は、リスク受忍論、リスク・ベネフィット論、コストベネフィット論と発展し、ICRP防護三原則としてまとまった。ICRP防護三原則は、①正当化、②最適化、③線量限度の設定、として提起され（後出）[11] 2007年勧告でさらに大きく被曝強制体系へと進展した[1]。

ＩＣＲＰ 2007 勧告[1]「緒言」には以下のように紹介されている。

　　　委員会の 1954 年勧告は「すべてのタイプの電離放射線に対する被曝を可能な限り低いレベルに低減するため、あらゆる努力をすべきである」と助言した（ＩＣＲＰ、1955）。
　　　このことは、引き続いて被曝を「実際的に可能な限り低く維持する」（ＩＣＲＰ、1959）、「容易に達成可能な限り低く維持する」（ＩＣＲＰ、1966）、またその後「経済的及び社会的な考慮を行った上で合理的に達成可能な限り低く維持する」（ＩＣＲＰ、1973）という勧告として定式化された。

　この「緒言」の記述された４つのステップは、表１内にまとめたが、ＩＣＲＰが功利主義を深めてきた歴史を示す[11]。国際放射線防護委員会という看板名とは裏腹に、原子力産業の都合を受け入れてきた「原発維持」のための変節の歴史なのである。
　これらの哲学は、事実としての放射線被曝の影響を、事実として伝えるのではなく、むしろ逆に事実を隠蔽し、放射線被曝の影響を過小評価し見えなくする哲学、即ち功利主義哲学が深化したプロセスである。
　放射線被曝の害悪より、発電の「公益」が優先すると言う考え方をいかに普及し強めさせるかのプロセスを示す。
　なぜ隠蔽あるいは過小評価と言明するか[11, 14]は、「ＩＣＲＰの科学からの逸脱」の項（155頁）を参照するとさらに

§2.　ICRP の功利主義哲学

良く理解できる。

　放射線被曝で傷つく肉体を持っている市民は放射線被曝の影響を客観的事実として正確に認識できる体系を作らなければならない。誠実に科学的認識を具体的に述べられる「民主・自主・公開」の原則に立つ体系を打ち立てる必要がある。

第3節　被曝被害隠しと被曝強制の哲学

　ＩＣＲＰは1950年に発足して以来、国際的反核兵器運動の展開を横目に見ながら、基本的には「核産業をいかにして守るか」「いかにして放射線被曝を住民に受け入れさせるか」の哲学／制度を構築する努力をしてきたと見なせる。その歴史を**表1**に示す。ここで用いる功利主義は、基本的人権を害する側面（稼働すること自体が放射線被曝により健康被害を及ぼすことを避けられない事実）のある核産業を防護し正当化し、結局は基本的人権を軽視しようとする哲学のことを意味するものとして使用する。

表1　功利主義の歴史 [11]

年	事項・哲学	内　容
1950	ＩＣＲＰ発足	米国内放射線防護委員をほぼそっくりＩＣＲＰ委員とした。
1951	内部被曝委員会活動停止	内部被曝を科学的・道義的に探究したのでは「社会的・経済的」基準には達しえないことを認知。
1955	原則的立場 As Low As Possible ：ＡＬＡＰ	可能な限り低く。
1956	ＩＣＲＰ勧告	作業者被曝線量限度「年間150mSv」

1958	ＩＣＲＰ勧告	作業者「年間50mSv」、公衆「年間5mSv」
1959	リスク受忍論 As Low As Practicable：ＡＬＡＰ	公益を生み出す事業を行うからにはある程度のリスクを我慢しなければならない。
1966	リスク・ベネフィット論	原子力の応用により生じる利益を考え、リスクを容認しなければならない
1973	コスト・ベネフィット論 As Low As Reasonably Achievable：ALARA	発電のコストを考慮して住民保護がそれを上回らないように（命の金勘定論）。
1977	ＩＣＲＰ防護三原則 徹底した功利主義 民主主義の原則に反する思想	正当化、最適化、線量限度の導入。原発産業の揺るぎない経営のための功利主義哲学。 人権より原発維持と金儲け。
1985	ＩＣＲＰ「パリ声明」	公衆線量率「年間1mSv」
1986	チェルノブイリ事故	防護基準「年間1mSv」から
1987	イギリス放射線防護庁（NRPB）	「年間0.5mSv」
1996	ＩＡＥＡ会議 「チェルノブイリ事故後10年」 住民避難させず、保護せず。	通常、人々は日常生活の中でリスクを受け入れる準備ができている。彼らはそのような状況の中で専門家を信じており、当局の正当性に疑問を投げかけていない。 被曝を軽減してきた古典的放射線防護は複雑な社会的問題を解決するためには不十分である。住民が永久的に汚染された地域に住み続けることを前提に、心理学的な状況にも責任を持つ、新しい枠組みを作り上げねばならない。
2001	ドイツ放射線防護令	公衆「年間0.3mSv」
2005	米国科学アカデミー（NAS）	公衆「年間1mSv」、医療被曝限度：「年間0.1mSv」。

§2. ICRP の功利主義哲学　35

2007	ＩＣＲＰ2007年勧告「永久的に汚染された地域に住み続けること」の条件化。事故が起きたら100mSv／年までOKその後は汚染低減化を計るが、20mSv／年までOK。	「住民を避難させず、汚染地域に住み続けさせる」の具体化。被曝状況を従来の「計画被ばく状況に」加えて、「緊急時被ばく状況」 20～100mSv「現存被ばく状況」 20mSv以下を追加し、「高汚染地域に住み続けさせる」具体的指針を提供。
2010	欧州放射線リスク委員会（ECRR）勧告	「年間 0.1 mSv」
2011	東電フクシマ事故法令を無視：20mSv／年適用（原子力ロビーに服従）。	政府は国民と約束している（法令で定められている） 1 mSv／年を放棄し法令にないＩＣＲＰ勧告の20mSv／年で規制。人権より核産業（核抑止力）維持。
2020	ＩＣＲＰ2020年勧告ＩＣＲＰ146（東電フクシマ事故で健康被害はなかったとして）制限値から 1 mSv／年を排除限度値の巨大化	防護基準のさらなる改悪。職業人　5 年で100mSv ⇒ 100mSv（5 年を撤去）一般公衆　事実上の 1 mSv／年の撤回1 ～20mSv／年のバンド（連続した領域）の下方部分下半分から選択すべきとし、徐々にバンドの下端に向かって低減する。
2020	日本政府放射線審議会	ＩＣＲＰ勧告を国内法令に取り入れようとしている。法令を改めることを準備。国内法の大改悪。

§3 国際放射線防護委員会の哲学（防護三原則）について

　今までの国際原子力ロビーの住民防護策は、原発維持・原発推進とこれに批判的な世論（例：ストックホルムアピール署名運動[15]、研究（アリス・スチュアート[16]の疫学研究等々）の間の妥協の産物[11]で成り立ってきた。

　ＩＣＲＰは功利主義の集結点として、防護三原則を1977年に勧告し、放射線防護の三つの基本原則として、①行為の正当化、②防護の最適化、及び③個人の線量限度を導入した。その後の勧告においてもこの基本原則に基づいて似而非放射線防護の具体的指針が示されている。

第1節　行為の正当化

▶人格権と原発産業営業権を天秤に掛ける

　ＩＣＲＰ2007勧告「用語解説」[1]によると「正当化」は以下のとおりである。

　　(1)放射線に関係する計画された活動が、総合的に見て有益であるかどうか、すなわち、その活動の導入又は継続が、活動の結果生じる害（放射線による損害を含む）よりも大きな便益を個人と社会にもたらすかどうか；あるいは(2)緊急時被曝状況又は現存被曝状況において提案されている救済措置が総合的に見

て有益でありそうかどうか、すなわち、その救済措
置の導入や継続によって個人及び社会にもたらされ
る便益が、その費用及びその措置に起因する何らか
の害又は損傷を上回るかどうかを決定するプロセス。

　見事に功利主義の本質を表している。
　「リスクの評価」などは産業側の都合（ＩＣＲＰの基準）で
どうにでも設定できるのがこの比較の本質である。
　この表現の真実の意味は、害すなわち発がんによる死亡な
どが生じることを認知しながら、被曝被害を法令等で容認す
るシステムを制度化し、原発などを維持することである。
　医療被曝等においては、治療のために被曝する手段（Ｘ線
撮影など）を執る場合、医師等が「リスクがあるが、被曝を
受け入れるか？」と必ず当人の承諾を得て実施しているのが
現在の被曝の関係に適用される「人権を守るプロセス」であ
る。原発・核産業から被曝を承認するかどうかを聞かれた住
民がいるであろうか？　原発（や核兵器等）においては有無
を言わさない強制被曝なのである。即ち初めから人権を無視
した開き直りが「防護第一原則」なのである。
　大飯原発再稼働差し止め裁判で、樋口英明裁判長の下した
判決 13) は産業活動権と基本的人権の位置づけを明瞭に示す。
　第１原則「正当化」には、個の尊厳として位置づけられる
人格権の否定、基本的人権を否定する概念が堂々とうたわれ
ている。
　民主主義が基本となる近代的社会において民主主義の基本
理念を真っ向から否定する考え方であり、民主主義社会とし
ては受け入れてはならない倫理違反である。

第2節　防護の最適化

▶ 国の予算・産業の利潤に無理のない範囲で住民を防護せよ

同じくＩＣＲＰ 2007 勧告「用語解説」[1] によると以下のとおりである。

> いかなるレベルの防護と安全が、被ばく及び潜在被ばくの確率と大きさを、経済的・社会的要因を考慮の上、合理的に達成可能な限り低くできるかを決めるプロセス（防護（および安全）の最適化）。
>
> 放射線防護においては、集団の被曝線量を経済的及び社会的な要因を考慮して、合理的に達成可能な範囲で低く保つようにすることをいう（ALARA：As Low As Reasonably Achievable）。

「最大限住民を保護するために力を尽くせ」というのではなく、国の予算や企業の営業活動に支障が来ない範囲で無理しないで防護したらよい、というものである。例えば、東電福一の爆発があった直後政府が防護量を、今まで年間１mSv だった公衆の被曝限度を 20 倍に引き上げた[5]。これはＩＣＲＰの勧告を前提に政府が立法機関などに計らずに決めたものである。国会審議などは一切なされておらず、原子力災害対策本部が会議を開かずに決め、文科省が福島県教育委員会に通達したものである。行政的に 20 倍まで被曝許容限度を上げることは明らかに防護と逆行する。

民主党内閣が「現地災害対策本部」「合同対策協議会」を組織せず、特措法に指定されている立地自治体長を入れな

いという違法を犯し、代わりに事故を生じさせた東電をメンバーに位置づけることを行っているが、これが 20 mSv の適用の組織的背景である。

　事故により日本在住者の放射線防護の免疫力が 20 倍になるのではない以上、住民切り捨てそのものである。

第3節　線量限度と参考レベル

▶ 1 mSv／年制限：「計画被ばく状況」に限定

　同じくＩＣＲＰ 2007 勧告「用語解説」[1] によると以下のとおりである。

　　　線量限度：「計画被ばく状況から個人が受ける、
　　超えてはならない実効線量又は等価線量の値」。
　　　参考レベル：緊急時又は現存の制御可能な被ばく
　　状況において、それを上回る被ばくの発生を許す計
　　画の策定は不適切であると判断され、またそれより
　　下では防護の最適化を履行すべき、線量又はリスク
　　のレベルを表す用語。参考レベルに選定される値は、
　　考慮されている被ばく状況の一般的事情によって決
　　まる。

　放射線被曝の制限値としての個人に対する線量の限度で、ＩＣＲＰの線量制限体系の基本概念である（図3参照）。この線量限度はそれ以上の被曝量は与えないという概念でしきい値の定義にしたがったものである。ここで、実効線量は全身に対する影響を言い、等価線量は組織／臓器ごとの影響に対

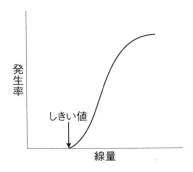

図3 線量限度（しきい線量）
対象とする現象が1％ほど出現する
原因量として定義される。

して言う。注意すべきは「計画被ばく状況」と限定していることである。事故などが起これば適用外となるのである。

　線量限度は、確定的影響（組織的影響）に対する線量に対してはしきい値以下になるように設定され、がんなどの確率的影響に対しては、しきい値がない（しきい値はゼロとするのが妥当で、低線量でも被害が現れる〔放射線影響研究所：寿命調査第14報〕[17]）と放影研の長年の研究で「固形がんに対するしきい値はゼロが最適」との結論が出ている。また、そのリスクが線量に比例するという仮定の下に、容認可能な上限値として設定されている。

　線量限度には、自然放射線と医療による被曝は含まない。

　ＩＣＲＰ 2007年勧告[1]において注意すべき点は、「線量限度」は「計画被ばく状況」に限定されていることだ。「被ばく状況」が変わると拘束が解除されるのである。

　「緊急時被ばく状況」では100mSvまで、「現存被ばく状

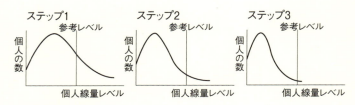

図4　参考レベル
ＩＣＲＰ 2007年勧告「6委員会勧告の履行」(日本語版　p.71)

況」では通常20mSvまで（急性または年間の線量）の被ばくが「参考レベル」（**図4**参照）という名前で許されることだ。参考レベルは飽くまで参考とする目安線量であり、その線量以上の線量を住民が被ばくしても許容するものである。ＩＣＲＰは今までのしきい値概念に従う線量限度（公衆に対しては年間1mSv）に対して、それ以上の巨大な被ばくも許す「線量」を設定するために「参考レベル」という新概念を設けたのである。それを「緊急時被ばく状況」と「現存被ばく状況」の線量概念としたのである。

　今までの線量限度は「計画被ばく状況」だけに限定され、「緊急時被ばく状況」と「現存被ばく状況」では一顧だにされないものとなった。

　東電福一爆発時に「原子力緊急事態宣言」により設定された年間20mSv等の限度引き上げ[5]は典型的に住民の健康切り捨てであり、被曝強制なのである。

§4 | 国際原子力ロビーの「防護せず」の開き直り

　1986 年にチェルノブイリ原発事故が生じた。レベル7の
核分裂連鎖反応による事故であった。地元の専門家、医師、
科学者、政治からの努力により 1991 年にチェルノブイリ法
が成立した。

第1節　チェルノブイリ法

　チェルノブイリ法[2]の特徴は「憲法で保障された基本的
人権を守る」と明記されていることである。住民保護を適用
する汚染区分も明示されている。

▶チェルノブイリ法の汚染区分

　チェルノブイリ法[2]の汚染区分は**表2**のように4つの要
素からなる。表2はベラルーシ共和国のものであるが、ウク
ライナ共和国、ロシア連邦のいずれの区分も4要素からなり、
年間 1 mSv の等価線量（外部被曝と内部被曝の合算）で移住の
権利ゾーンとなり、年間 5 mSv で移住義務ゾーンとなる基
本構造は同じである。ゾーン名称や土壌汚染との対応などに
ついては若干の相違を有する。移住の権利ゾーンでの移住は、
放射線被曝を避ける権利があるとして、移住の判断が個々の
住民に委ねられた。等価線量の 40％は内部被曝、60％は外
部被曝として線量が構成されている

43

表2　ベラルーシ共和国の汚染区分

汚染ゾーンの区分	年間等価線量	放出された核汚染レベル		
		Cs137	Sr90	Pu238
	mSv／年	kBq／m²（Ci／km²）		
定期的に汚染検査する居住ゾーン	x＜1	37〜185（1〜5）	5.55〜18.5	0.37〜0.74
移住の権利ゾーン	1＜x＜5	185〜555（5〜15）	18.5〜74	0.74〜1.85
移住義務ゾーン	5＜x	555〜1480（15〜40）	74〜111	1.85〜3.7
移住優先ゾーン	5＜x	1480＜x	111＜x	3.7＜x
居住不可ゾーン	チェルノブイリ原発30kmゾーン1986年5月に住民撤退			

ウクライナ、ロシアもほぼ同様であり、チェルノブイリ法と総称される。年間等価線量（外部被曝と内部被曝の合算）と3種類の土壌汚染区分を持つ。表中例えば「5＜」は「5より大」の意味。汚染区分は初期汚染で定義されている。表中の単位 Ci はキュリーで、1Ci ＝ 3.7 × 10¹⁰Bq であり、放射能の強さを示す。Bq（ベクレル）は毎秒の崩壊数を示す。

　内部被曝を含む年間実効線量と3種類の核種の汚染区分を持ち、どれでもその区分を突破するとその地域の汚染区分は上のランクに位置される。初期のゾーン区分は事故当初の土壌汚染に基づいてなされた。
　チェルノブイリ法年間実効線量区分で言うと、1mSv／年以下の値で（ウクライナは0.5〜1mSv／年で）まず警戒ゾーンが敷かれ、市民に対する制限線量の国際基準1mSv／年（外部被曝と内部被曝の合算）で市民の被曝軽減措置が始まる。こ

れを「移住の権利ゾーン」という。5mSv/年以上では居住が禁止された（移住義務ゾーン）。

　「古典的被曝防護（ＩＡＥＡ）」が実施され、原発産業の維持が危機にさらされ、国家財政が圧迫された。国際原子力ロビーはこの状態に危機感を持った。そこで放射能汚染地域に生じた健康被害を甲状腺がん以外は認めようとしない体制を構築した。

第2節　現実の健康被害を認めない「科学」の二極化

　チェルノブイリ原子力発電所事故は世界で最悪の原子力事故と評され、のちに決められた国際原子力事象評価尺度（ＩＮＥＳ 22）では最も深刻な事故を示すレベル7に分類された（福島原発事故もレベル7）。

　国際原子力ロビーは放射線被曝被害を「認知しない」。これが最大の核産業擁護手段だ。

　例えばウクライナでは事故前は90％の子どもが健康と見なされていたが、事故後1995年では「健康」といえる子どもの割合が20％しかいない状態となる[3]。健康被害が多発し、「ありとあらゆる」と表現して良いほどの病気が記録されている。しかしＵＮＳＣＡＥＲ（原子放射線の影響に関する国連科学委員会）をはじめとする「国際原子力ロビー」は「健康被害は認められない」[3]とし続ける。唯一小児甲状腺がんだけは認めざるを得なかった。この間地元からは約5000の健康被害の実情を報告するレポートが出された。しかし、原子力ロビーは「放射線量との関連が不明である」ことを理由としてそのほとんどを無視して、甲状腺がんを除いて「放射線

§4. 国際原子力ロビーの「保護せず」の開き直り　45

の影響はない」としたのである。

　汚染地の住民の健康を巡って「科学」上の極端な二極化が進んだのである。

　『チェルノブイリ被害の全貌』[3] のまえがきでディミトロ・M・グロジンスキー教授は次のように述べている。

　　立場が両極端に分かれてしまったために、低線量が引き起こす放射線学・放射線生物学的現象について、客観的かつ包括的な研究を系統立てて行い、それによって起こりうる悪影響を予測し、その悪影響から可能な限り住民を守るための適切な対策を取る代わりに、原子力推進派は実際の放射線放出量や放射線量、被害を受けた人々の罹病率に関するデータを統制し始めた。放射線に関連する疾患が明らかに増加して隠しきれなくなると、国を挙げて怖がった結果こうなったと説明して片付けようとした。と同時に、現代の放射線生物学の概念のいくつかが突然変更された。……。

　また、日本語版序「いま、本書が翻訳出版されることの意味」において崎山比早子氏は、

　　本報告書に引用されている論文の多くが、英語圏で広く読まれている専門誌に掲載されていなかったことも、健康被害の実態が世界に知られなかった一因であるのだろう。……（この本で）引用された多くの論文において、放射線の線量が正確には分かっ

ていない。放射線の影響を考える場合、線量が正確
でないというのは大きな欠陥であり、論文が受理さ
れない理由ともなる。しかし、それだけを取って論
文の中身を全て捨ててしまうのも一方的すぎるだろ
う。[3]

と述べている。レフェリー（査読）制度下で、放射線の線量
記述が不十分であると言う理由で、健康被害状況の報告自体
が拒否されたのである。

　放射線被曝の世界では、現象的には、原子力推進の立場に
いる一部の人と、住民の健康の上に生じた事実を大切にしよ
うとする科学者の間で、科学として事実をありのままに認め
る視点／基準にさえ大きな差ができたのである。

　核産業の維持／原発の推進は科学の分野においては、事実
の隠蔽を目的意識として虚偽を含む巨大なゆがみが生じてい
るのである[3、20]。

　『チェルノブイリ被害の全貌』[3]の「序論」で述べられて
いるように、ここで引用されるこの状況は東電事故後の事実
をありのままに総括する上で、重要な参考例（悪例）が紹介
されている。例えば、東電事故後の小児甲状腺がんを「事故
との関係はない」とする（後出、73頁）、あるいは、「風評払
拭リスクコミュニケーション」、復興庁発行「放射線のホン
ト[21]」等々放射線被害の過小評価体制が築かれ、我が国で
は「被害はない」の取り扱いが圧倒的に進んでいる。

　さらに東電原発事故直後から異常なキャンペーンが政府お
よび福島県筋から発せられた。「放射線の影響は、実はニコ
ニコ笑っている人にはきません。くよくよしている人にきま

§4. 国際原子力ロビーの「保護せず」の開き直り　47

す。」[32]（山下俊一）とチェルノブイリを巡る住民の疾病原因を精神的ストレスにすり替える放影研理事長（当時）重松逸造論[43①]、即ち長崎被爆体験者差別[79]と同じ操作を踏襲するとともに、「科学の二極化」の国際原子力ロビーの見解が席巻したのである。山下発言らは市民に放射能汚染に対する基本的知見獲得の営みを放棄させ、警戒心を解かせるものであった。

第3節　原子力ロビーの防護から防護せずへの豹変

　さらにもう一つの問題は「防護」にかかる社会問題と経費の巨大さである。住民保護による移住には故郷と人間の結びつき・社会関係の喪失が伴った。また、この防護は莫大な予算を食い、国家財政を危機に立たせた。さらに、世界的戦略あるいは国策で行われる原発推進はその傘下に大量の科学者／技術者を擁し核産業の衰退は社会的問題と直結している。原発維持そのものが危機にさらされたのである。

　原発の維持か廃止かは安全上／科学上の問題のみならず社会的経済的問題も絡まる。

　我が国においては原子力基本法[23①]においても、原子力開発の三原則として「民主・自主・公開」がうたわれる。学問の自由・原子力開発三原則が謳われている。

　しかし科学の原理を柱として科学者／専門家が科学を誠実に主張できるかどうかは、極めて悲観的状況である（日本では「民主・自主・公開」がほとんど実現されていない）。

　科学性が貫徹できるかどうかは、科学者本人の気骨と共に社会の毅然たる姿勢が不可欠である。学問の自由の一端は

個々の科学者／技術者が担っていると共に、市民が担っていることを銘記されたい。

さらに2012年には原子力基本法[23①]が改定され

（基本方針）２条の２　前項の安全の確保については、確立された国際的な基準を踏まえ、国民の生命、健康及び財産の保護、環境の保全並びに我が国の安全保障に資することを目的として、行うものとする。

とされた。

我が国の安全保障に資するとされたのは重大である。原発の導入時からささやかれていた「原発は核兵器保有のためのインフラ」の核武装派（日本政府）の本音が、ささやき[23②]から法律へと格上げされたのである。

ＩＡＥＡは1996年の「チェルノブイリ事故後10年——事故結果をまとめる」においてチェルノブイリ事故以降、次の（未来における）アクシデントが生じた場合の新方針を打ち出した。その内容は、住民保護の観点から施行されたチェルノブイリ法に基づく「移住の権利と移住義務」を国家の責任とすることを否定し、情報統制と専門家らの統制が必要なことを主張している。「永久的に汚染された土地に住み続けさせる[4]」という功利主義本性をむき出しにした対策を基本に位置づけている。

それを受けてＩＣＲＰは2007年勧告において[1]、「被ばく状況」を拡大設定し、事故を受け入れなければならい事象に落とし込み、事故の緊急時において最高100mSv（緊急または年間の線量）に及ぶ大量被曝を住民に及ぼし得る（「永久

§4. 国際原子力ロビーの「保護せず」の開き直り　49

的に汚染された土地に住み続けさせる[4]」）具体的基準を提案し、各国に勧告した。

第4節　ＩＡＥＡの1996年会議「チェルノブイリ事故後10年」

　ＩＡＥＡは核不拡散と原発推進の要となる機関である。チェルノブイリ事故後10年目（1996年）で被曝防護方針の転換に関する重要な会議、ＩＡＥＡ1996年会議「チェルノブイリ事故後10年」を開催した[4]。

　古典的被曝軽減措置をもはや行わないと断じて、「高汚染地帯に住み続けさせる」に大転換したのである。

　その結論部分において「通常、人々は日常生活の中でリスクを受け入れる準備ができている。彼らはそのような状況の中で専門家を信じており、当局の正当性に疑問を投げかけていない。」と記述される（Topical Session 6: Social, economic, institutional and political impact in CONCLUSIONS AND RECOMMENDATIONS OF THE TECHNICAL SYMPOSIUM）。

　従前通りの住民の被曝保護を廃止し、強汚染地帯に住民を居住し続けさせようとＩＡＥＡ等が目論むに当たって、「住民はリスクを受け入れる準備ができている」と被曝をもたらす産業のまさに「盗人猛々しい」と表現できる解釈をした上で、専門家や情報の統制の必要性がうたわれているのだ。国際原子力ロビーの功利主義が住民を愚民視（住民を人権を有する主権者と見なさない反民主主義）することにより成り立っているのである。

被曝を軽減してきた古典的放射線防護は複雑な
社会的問題を解決するためには不十分である。永
久的に汚染された地域に住民が住み続けることを前
提に、心理学的な状況にも責任を持つ、新しい枠
組みを作り上げねばならない。(CONSEQUENCES
OF THE ACCIDENT FOR THE FIELD OF RADIATION
PROTECTION in KEYNOTE CLOSING STATEMENT)

と汚染地域に住民を住み続けさせ、かわりに「心理学的ケ
ア」(重松の精神的ストレスへの原因転化見解)を重視すること
を宣言した。

　被曝量軽減を趣旨としてきた年間 1 mSv を制限被曝量と
する古典的「放射線防護体制」が思想的にも対応指針として
も放棄され、事故時においては「高汚染地域に住み続けさせ
る」という被曝を強制する体制が宣言されたのである。この
方針の下にチェルノブイリの次の事故が生じた場合の新方針
が打ち出されたのである(ICRP 2007 年勧告)。

　IAEA会議の内容は、住民保護の観点から施行された
チェルノブイリ法に基づく「避難・移住(直接的被曝量軽減方
法)」を否定し、永久的に汚染された地域に「住み続けさせ
る」と変更し「被曝防護せず(高線量まで受容させる)」とし
たことだった。

　IAEA(国際原子力機関)は、2012 年 12 月に福島県と協
力して放射線モニタリング(フクシマにおけるモニタリングポス
トは実際の汚染量の約半分しか示さない[24])と除染の分野でプロ
ジェクトを実施することを決めた。また、福島県立医大と健
康分野での協力も合意した。2013 年 5 月には「IAEA緊

急時対応能力研修センター」が福島県自治会館に開設された。

　この会議（チェルノブイリ事故後 10 年）の議長を務めていた
メルケル氏（元ドイツ首相）の

　　　多大な努力が払われてきたにもかかわらず、受け
　　　入れられない安全性の欠陥が特定の原子力発電所に
　　　引き続き存在します。これらの安全上の欠陥は排除
　　　する必要があります。それが不可能ならば、原子炉
　　　の運転を継続させてはなりません。[4]（INITIATIVES
　　　TOWARDS IMPROVING NUCLEAR SAFETY）

という見解表明があり、これが、東電事故が生じた後、ドイ
ツの原発全廃（2023 年 4 月 15 日）に繋がったことは特筆して
おく。

第 5 節　住民を高汚染地域に住み続けさせる具体策：ＩＣＲＰ 2007 年勧告

　ＩＡＥＡの「防護から防護せずへの逆転」の構想はその後
どのようにして具体化されたのか？
　ＩＡＥＡ 1996 年会議よりさらに 11 年が経過し、2007 年
の国際放射線防護委員会（ＩＣＲＰ）の勧告でこの「防護」
から「防護せず」への逆転方針が具体化された[1]。その 4 年
後に東電事故が生じたのである。

(1)　ＩＣＲＰ 2007 年勧告――「被ばく状況」の拡大
（緊急時被ばく状況を持ち込むことにより大幅に防護線量を上昇させる）

表3　2007 年勧告の被曝状況概念の変更

被曝状況	内　　容
計画被ばく	線源の計画的導入と操業に伴う状況 年間　1 ミリシーベルト 被曝線量制限の用語：線量限度
緊急時 被ばく	至急の注意を要する予期せぬ状況 年間 20 ～ 100 ミリシーベルトの範囲で指定 被曝線量宣言の用語：参考レベル
現存被ばく	管理に関する決定をしなければならない時点で既に存在する被曝状況 年間～ 20 ミリシーベルトの範囲 被曝線量制限の用語：参考レベル

　「被ばく状況」という概念が拡大されてそれによって被曝線量制限が大幅に緩和された[1]。

　表3 に示すように今までは「計画被ばく状況」だけであったのに対して、「緊急時被ばく状況」と「現存被ばく状況」が追加された。

　「計画被ばく状況」では、事故等のない通常時の法律で定められた被曝線量限度、すなわち公衆に対しては年間 1mSv 以上の被曝をさせてはならない[18] というものであった。

　それに対して、2007 年勧告[1] は、今までのＩＣＲＰの防護姿勢は「年間 1mSv 以下で防護する」ことであったものを「事故が起こったら 100 mSv までよろしい」と「高汚染地域に住民を住み続けさせる」基準を提示したのである。ＩＡＥＡ「チェルノブイリ 10 年」の会議で「被曝を軽減してきた古典的放射線防護は複雑な社会的問題を解決するためには不十分である。永久的に汚染された地域に住民が住み続けることを前提に、心理学的な状況にも責任を持つ、新しい枠組み

§4. 国際原子力ロビーの「保護せず」の開き直り　53

を作り上げねばならない」とされた方針が、ＩＣＲＰによれば「行為と介入を用いた従来のプロセスに基づく防護のアプローチから、状況に基づくアプローチに移行することによる発展」として事故時の「緊急時被ばく状況」と、事故後の高線量状況の「現存被ばく状況」が付け加えられた。ＩＣＲＰの「発展」はまさに功利主義の具体化で、健康防護の体系から国家統治の体系への転換であった。事故が生じたときの被曝限度の目安（参考レベル：図５）を 20mSv から最高 100mSv まで（急性または年間の線量）としたのである。

　ＩＡＥＡの 1996 年会議で結論づけられた「住民が永久的に汚染された地域に住み続けることを前提に」、住み続ける際の被曝線量限度を設定したのである。

　その際、従来の「被ばく線量限度」と区別するために用語を「参考レベル」としたのである。

　その直後に東電事故が生じた。ＩＡＥＡ、ＩＣＲＰに具体化された国際原子力ロビーの方針が、日本の既存法を踏み砕いて、東電事故に適用された。

　それに日本政府独特の「住民のパニックを恐れる」愚民視政策と「心理学的状況にも責任持つ」情報操作体制が東電事故後の体制となった。これらは人権を持つ人間に対する処遇とは全く異なり、愚民視と住民を高汚染に晒す棄民である。

⑵　「居住させ続ける」ための線量概念の転換と追加

▶これ以上の被曝を許さない「しきい線量」から「高線量被曝を許す目安」の参考レベル

　参考レベルの導入は図３、図４で説明した。ＩＣＲＰは「放射線防護」を看板にしている体面上、「線量限度」の値を

いきなり上げることは避けなければならなかった。そこで「被ばく状況」の概念を拡大して「緊急時被ばく状況」、「現存被ばく状況」とその高線量概念「参考レベル」を新設し、「汚染地に住み続けさせる条件としての被ばくの限度」を創設した。

この改変の本質は、「住民を保護する」ことではなく、「高線量域に住み続けさせる」ことの具体化である。事故処理と原発維持を最も安上がりに済む方策を具体化したのである。

そのために線量の取り扱いさえ「線量限度」とは全く異なる適用概念にした。線量限度で使用される線量の定義方法は「しきい値」概念に従うもの（これ以上の被曝はさせてはならない）であるが、「参考レベル」は住民の個人線量計指示値の分布上の単なる目安である。「参考レベル」は今までの「被ばく線量限度」とは異なり、そのレベル以上の被曝を制限するものではなく、高線量域の被曝を許す「目安」としての線量である。

ちなみに、ＩＣＲＰ 2007 年勧告の上記の内容は、国際原子力ロビーの「勧告（宣言)」に過ぎなく、日本の法律は依然として「1 mSv／年」であった。しかし原子力ロビーの人権を踏み砕く「勧告」が法律を飛び越えて適用されたのである。

第6節　東電福島原発事故の放射能汚染の実態

2011 年 3 月 11 日東電福島原発事故が発生した。

▶ 放出核種と放出量—空中放出・水中放出

原子炉の運転時間に依存するセシウム 137 と 134 の比率 [6, 7]

は、チェルノブイリではほぼ2：1、福島では1：1である。放出された核種の測定は日本と異なりチェルノブイリでは各地点の土壌汚染測定が系統的になされた。

放射能放出量について、日本政府はセシウム137の放出量は広島原爆の168倍とし、「チェルノブイリの1割前後」としている[5]。例えばヨウ素131は福島では130〜150ペタベクレル（PBq、ペタ（P）は千兆、10^{15}である）（チェルノブイリは1,800PBq[5,8]）、セシウム137は6.1〜12PBq（チェルノブイリは85 PBq[5,8]）とする。

日本政府発表の放出量算定において、後に東電敷地内に蓄えられることとなった汚染水は算定に入れておらず、海水に流失した汚染水は東電が確認したか、あるいは人為的に廃棄されたものに限られ、太平洋側に流れた大気放出量は測定網の関係から過小評価しており、住民居住地の放射能量は約半量しか示さないモニタリングポスト[24]を用いて行われている。

包括的核実験禁止条約（ＣＴＢＴ）の地球規模放射能監視ネットワーク測定データと大気中輸送シミュレーション結果とから放出源強度を逆算したストールらは、最も多量に放出された希ガスキセノンを15,300PBq（福島）として、チェルノブイリ放出の2.5倍としている[25②]。保安院の推定値は11,000PBq（福島）、6,500PBq[26]（チェルノブイリ）。保安院のデータでさえキセノン放出量は、フクシマがチェルノブイリの1.7倍とする。ストールらはセシウム137の空中放出だけで35.7PBq、チェルノブイリの42％としている[25②]。

放射性キセノンは半減期が5.2日と短く炉内に蓄積するタイプでなく、かつ原子炉が破壊されれば全て空中に漏れ出る

ので、破壊された原子炉の放射能容量を比較するには適している。

　報告されているデータはバラツキも大きく比較は困難を伴うが、総合して検討した山田耕作らは「総放出量はチェルノブイリの2倍以上」としている[27]。

　空中へ放出された核種はチェルノブイリでは炉心の全核種が放出されたが、福島では炉心でガス化あるいは溶液化されていたヨウ素、セシウム、希ガスキセノンなどが主であった。従って、気化あるいは液化しないで燃料棒内に留まっていた核種であるストロンチウムやウラン・プルトニウムを初めとする放射能核種はメルトダウンし、空中放出されず、デブリとなった。デブリは圧力容器の底を破って格納容器に溜まった、あるいはさらに格納容器の底を破った。そのデブリを冷却水と地下水が洗い、その汚染水の一部はタンクに蓄えられ、他は海中に放出された。水中・海洋中に放出されたストロンチウム90等は、空中噴出量に比して非常に多いと判断される。

§4.　国際原子力ロビーの「保護せず」の開き直り　57

§5 │ 東電福島原発事故

第1節　主権放棄、法治主義放棄、国際原子力ロビーへの服従・傀儡化

　法概念として「放射線被曝限度『年間１mSv』」は、周辺監視区域外地域は１mSv以下（原子炉等規制法等）、「原子力の安全に関する国際条約」での日本政府報告等々で、明瞭であった。しかし民主党菅直人政権は国内法を適用せず、法治国家を放棄した。

　その手法は徹底した「特措法」の無視であった。

　原子力災害特別措置法によると「緊急事態宣言」発出は地域指定をしなければならないとされるところ、地域指定はなかった。これにより、「年間１mSv」で規制される地域と指定地域の区別の概念を消し去った。

　緊急事態宣言に伴い、政府には「原子力災害対策本部」、現地には「現地対策本部」と「原子力災害合同対策協議会」を設置する義務が課せられている。「原災対策本部」は機能化されなかった。「現地対策本部」と「原子力災害合同対策協議会」は設置されなかった。特に「原子力災害合同対策協議会」は国と福島県と関係町のそれぞれの対策本部を連携させ、８つの機能班を設置し、全ての分野において対策の指揮と実践を束ねるものであって、事故を想定した避難訓練では威力を発揮した。しかし、菅内閣は避難訓練を実施しなかったばかりか、試験済みのこの組織を結成しなかったために、

ハチャメチャの指揮と手順を持ち込み、緊急時迅速放射能影響予測システム（SPEEDI）のデータ不開示[30]や、甲状腺被曝防護に肝心な安定ヨウ素剤の飲用の不指示等の大混乱をもたらした。

菅内閣は「原災対策本部」の代わりに「内閣府原子力被災者生活支援チーム」、現地には「福島原子力発電事故対策統合本部」という私設の組織を立ち上げた。それにより、20mSv／年の発出は、「原災対策本部」の正式な議決を経ず、文科省の福島県への通達として発せられるなど、法治主義が決定的に放棄された。

広域で大量な避難民を出したチェルノブイリ法下の周辺国の国家的誠実さの再現を拒否し、巨大な国家出費を免れたのだ。

代わりに、9年間で63万人の死亡者異常増加と57万人の死亡者異常減少を来たし、見かけ上でも7万人程度の死亡者異常増加をもたらした（§7。厚労省、人口動態調査、性別年齢別死亡率等）。

法治主義の放棄は、主権在民の主権国概念を核抑止力維持と住民への強制被曝を制度化する国際核権力に対する傀儡化の宣言であり、主権放棄の完結であった。日本住民は、事故前は「安全神話」に欺され、事故が生じたら、法治主義を放棄するという二重の裏切りに遭遇したのである。

第2節　法治国家の放棄—いかに人権が切り捨てられたか？—

当時の民主党と引き続く自公政府が推し進めた棄民施策を列挙すると枚挙に暇がない。加害者の都合が優先され、国と原子力産業擁護に徹して、人権の切り捨てが際だった。「棄民」

において民主党も自民党と同様だったことに衝撃を受けた。

①噴出放射能は、政府発表はチェルノブイリの7分の1とされるが、実態は2倍ほど東電事故が多いと推察される（ストールら[25, 26]、山田耕作ら[27]）。

②法による1mSv／年の被曝保護基準（放射線審議会、周辺監視区域外、原子力の安全に関する国際条約）が無視され、20mSv／年が適用された。

③チェルノブイリで居住を禁止された5mSv／年以上の汚染区域に、日本では120万ほどの住民が居住・生産する。この居住者には「作付けした者に限り、前年の収入に比して減少した分だけ」公的補償が与えられ、生産する以外には食っていけなかった。

　放射能汚染生産物は「食べて応援」で日本中の住民が内部被曝の2次的被曝被害を受けた。深刻な「日本独特の放射線被害」拡大拡散模様が展開した。

④20mSv／年決定の違法性：民主党内閣は原子力災害対策本部の正式会議にも国会にもかけずに、文科省が「暫定的目安として1〜20mSv／年」を福島県に対して「行政通知」として発出した[5]。

⑤放射性物質汚染対処特措法に基づく廃棄物処理基準の制限基準が8000Bq／kgと、従来の100Bq／kgの80倍にされた[28]。

⑥被災住民に対して「体表面等に付着した放射性物質の除染基準」：「原子力災害対策指針」の緊急

スクリーニングの国際基準（ＯＩＬ４：Operational Intervention Level [4] [29]）を福島県は遵守しなかった。ＯＩＬ４基準は、事故直後では４万 cpm（120Bq／㎠）であるが、福島県は 10 万 cpm を基準とした（cpm は counts per minute：毎分の放射線カウント数）。放射能汚染現場での住民被曝保護基準を 2.5 倍緩和した。汚染現場の人権切り捨てが行われた。

⑦ SPEEDI のデータ不開示 [30]：住民に何も知らせず高汚染地域に留まらせた。双葉町民は高汚染地域沿いに避難。また、放射線量の低い地域から高い地域へ避難した多くの人々がいた。

⑧高線量地域住民に対し国と福島県は、市町村に対して安定ヨウ素剤供与を指示しなかった [30]。

⑨環境汚染線量値が法律値の60％に引き下げられた [31]。法律では外部線量に関してはその地点の環境線量すべてが吸収線量となることと定めている。政府は生活上の実際に受ける被曝量に評価視点を下げた。生活時間を８時間屋外にいて、16 時間屋内にいると仮定。屋内では外部被曝の 40％の被曝量と仮定する。この仮定で法定値の 60％値を算出させた。年間１mSv に対応する線量率は 0.114 μ Sv ／ h であるところを政府は 0.19 μ Sv ／ h としたのである。

⑩モニタリングポストが設置され「公的記録」とされた。モニタリングポストの表示は約半分しかなく（矢ヶ﨑ら測定）、住民に対する放射線防護はこれによっても約半分に切り捨てられた [24]。

⑪市民の命を守るべき医師団（福島県立医大その他）は甲状腺検査の具体的データを被験者に不開示。甲状腺学会会員への個別相談に対して「自覚症状がでない限り、追加検査は必要ないことをご理解いただくようにご説明いただきたく」という趣旨の理事長通知を出した（理事長：山下俊一）[32][③]。

　　事故後健康不良をきたした人が「放射線被曝では？」と懸念すると、診療医が直ちに（時には大声を上げて）否定することが日本中の診察現場で大量に現れた。

⑫チェルノブイリでは住民の健康報告が約5000通（20年間）[3]、日本ではわずか十数通。

⑬放射線被曝を科学的に医療に取り入れるのではなく、影響があることを市民の思考から排除する重松（山下）式宣撫（§2、第2節参照）が行われた。「放射線の影響は、実はニコニコ笑っている人にはきません。くよくよしている人にきます。」[32]

⑭「永久的に汚染された地域に住民が住み続けることを前提に、心理学的な状況にも責任を持つ」ＩＡＥＡの「知られざる核戦争（核被害隠蔽の情報操作：矢ヶ崎克馬命名）」の心理学的施策が虚言として実施され住民を蝕んだ。深刻に住民を被曝に誘った虚言には、「100Bq／kg以下は安全」、「放射線の影響は、ニコニコ笑っている人にはきません」など多種多様であった。

⑮あらゆる健康被害（甲状腺がん、厚労省人口動態調査データ等）が専門機関・原子力ロビーによって

§5. 東電福島原発事故　63

隠蔽された。

⑯「子ども被災者支援法」[33] が設置されたが、放
　射能汚染の適用基準がなく、具体的対処内容も一
　切なく、安倍内閣により反故にされた。

⑰「原発と核燃料再処理確保」のためには「トリチ
　ウム汚染水を『危険』と認識することは絶対に避
　けなければならない。特に再処理工場が成り立た
　なくなる」。そのために何としても ALPS 汚染水
　の海洋投棄を強行する[34]。

⑱メルトダウンした炉心は、チェルノブイリでは「廃
　炉」と「生態学的安全」を宣言したウクライナ政
　府により、「石棺」と呼ばれるコンクリート製の
　シェルターで外界から封じられた[3,35]。日本では
　燃料デブリなどを取り除き処理する「廃炉」が計
　画された。炉心近くには強烈な高線量放射能域が
　存在し、熔け出した880トンほどあるとされる燃
　料デブリの回収は1グラムも取り出すことができ
　ていない。この間放射能は空に海に放出され続け
　ている。廃炉作業はめどが立っていない。日本政
　府は人と環境の保護の責任を完全に放棄している。

第3節　基本的人権・法治国家から見た東電事故処理
―国は住民に「被曝せよ」と迫った―

⑴　未必の故意―他の公害等とは真逆の「積極的健康危害物質の摂取誘導（食べて応援）」

　放射線被曝は紛れもなく命に対する危害因子である。「危

害因子の積極的摂取」を意味する「食べて応援」は最大の
「知られざる核戦争」（被害を予測しながらの被曝誘導）である。
知られざる核戦争の惨禍はもっぱら住民にかかる。

　①「食べて応援」[36]：健康危害物質の積極的摂取
　　の強要は他のいかなる健康破壊有毒物質公害（有
　　機水銀、重金属毒素、PFOS等々）にはあり得ない。
　　原子力産業特有の未必の殺意である。そのために
　　重大な似而非科学「100Bq／kg以下は安全」[37] の
　　大キャンペーンを伴って行ったのである。
　②「風評被害払拭」[36] も基本的人権無視の施策で
　　ある。「食材の選択」は基本的人権の日常的な重
　　要要素である。「風評被害」での食材の選択権を
　　妨害することは反人権そのものである。

　国と"専門家"は事態を安上がりに収拾しようとし、原発
維持のために虚言を吐き、住民に被曝を強制した。

(2)　チェルノブイリと東電事故の人権の差

　チェルノブイリ法[2] 前文には「基本的人権の擁護」が明
記される。
　年間 1mSv〜5mSv／年（外部被曝線量と内部被曝線量の合計）
の汚染地域は住民の意志に基づく「移住の権利」。5 mSv／
年以上の地域は「居住禁止」。自主避難者と強制避難者は全
く同等に扱われた。国内避難民（国連人権委員会、国際人権法、
国際人権規約）を適用すれば、強制避難者も自主避難者も全
く同等である。しかし、日本での自主避難者はあたかも反社

会的行為の実践者であるかのように扱われさえした。強制避難者との差別は巨大であった。チェルノブイリ法では自主避難者も強制避難者も全く平等に扱われ、国家が保護した。自主避難者は国際人権法、国際人道法に則ると、国内避難民に該当し、国が保護・支援しなければならないが、歴代日本政府はこれを無視している。

(3) 100年の計は表土5cmの剥離／除去にあり

　矢ヶ﨑克馬は2011年3月24日福島入りしてほぼ全県の放射能汚染を測定した。その時点での田んぼの汚染状態は表土3cmを剥離すると汚染の80％以上がなくなる状態であった。長期汚染の主体は物理的半減期が30年のセシウム137であった。

　筆者は「今年は作付けせずに表土5cmを剥離して除外すると100年にわたる汚染の根本的除去ができる」と主張したが、時既に遅く、政府は「作付けし収穫収入が昨年より少なかった分だけ政府が補償する」ことを発表しており、莫大な予算を伴う筆者案は考慮すらされなかった。放射性微粒子は深さ30cmまで鋤き込まれてしまった。

(4) 内部被曝の危険な汚染作物を「食べて応援」で全国消費を

　農家は通常どおりの生産をしなければ「食っていけない」状態となった。

　生産物を売らなければならない！　政府は基本的な被曝防護をかなぐり捨てて、「食べて応援」の大キャンペーンを行った。

　これ自体、大問題を含む。生命にとって紛れもなく危害要

因である放射能を含む農産物を生産させ、消費させるという前代未聞の生存権無視の政策をとった。公害の原則的対応策と正反対の政策であった。

　これが性別年齢別死亡率（厚労省人口動態調査）分析結果：「2011年から2019年の9年間の死亡者の異常増加が63万人」[38]（後述、97頁）という恐るべき結果となって現れる。

(5)　チェルノブイリ法居住禁止区域相当汚染地域に推定120万人の農民

　チェルノブイリ法と照らし合わせれば、チェルノブイリ法では内部被曝／外部被曝合わせて5mSv／年以上の汚染地域（外部被曝3mSv＋内部被曝2mSv）は「移住ゾーン」とされたが、日本では外部被曝で20mSv／年（外部被曝線量だけ。チェルノブイリの内部被曝を加味した線量表示では34 mSv／年）までの汚染地域には何の規制もしなかった。チェルノブイリ法では居住が禁止された汚染地域に日本では推定120万人ほどの農民が生産活動を続けることとなった（第6次航空モニタリング結果等参照）[39]。

(6)　産地偽装など

　高汚染地域でチェルノブイリ法では居住が禁止された汚染区域と同等以上の汚染地域は、稲作の宝庫であった。汚染地域の生産者は収穫を売りさばくのに多大な労苦をしなければならなかった。もちろん大多数の生産者は真正直に対応したのであるが、下世話には、産地を偽る様々な工夫がなされたと伝えられる。映画「大地を受け継ぐ」（井上淳一監督）の主人公（農民）は産米について「風評被害は実害である」、「オ

§5.　東電福島原発事故　67

レは喰わねーけれども全部売り切った」と証言している[40]。

(7)　徹底した基本的人権蹂躙・住民無視

　住民本位の権利に基づいた措置は日本では一切なかった。日本では被曝限度 20 mSv／年が適用された。

　20mSv／年まで（帰還困難区域は 50mSv／年。チェルノブイリ方式の表示では 83 mSv／年まで）の汚染地域にいる人は居住させ続けられた[41]。

　原子力災害防止特措法に基づけば、20mSv／年の適用には「適用区域」を明示することが義務づけられているにも拘わらず、区域の指定はしなかった（後の国会で質問を通じて明示された）。法治国家の放置（放棄）だ。

　適用地域以外は、法治国家ならば、1mSv／年が適用されるべきであった[18]が、その適用は国会の議論にも上らなかった。既存法による人権保護は切り捨てられた。

(8)　「放射能汚染対策」を施したのは福島県のみ

　放射能汚染は日本全国におよび、1mSv／年。（チェルノブイリ法に準拠すれば空間線量 0.6mSv／年）以上の汚染地域は東北〜関東の広域に及んだ。

　しかし、「放射能の影響あり」として対策を施した県は福島県のみであった。例えば、飯米に対して検査を行ったのは、福島県のみであった（福島県は「全袋検査」[42]を実施した）。いかに日本の放射線防護が軽視され、住民の基本的人権が蹂躙されたかの表れの一部である。

　チェルノブイリと日本の人権の相違は巨大であった。日本は完全に法治国家を放棄したのである。

⑼ 「1mSv／年」が日本の一般市民防護基準である

　日本の法律における公衆防護基準は「1mSv／年」が厳然として存在する[18]。

　　①周辺監視区域外における環境線量規制は全て「1mSv／年」であり、「公衆防護：1mSv／年」を元としている（2010年の放射線審議会答申に明記）。
　　②国際条約（原子力の安全に関する条約等）に対する日本政府報告は全て「公衆防護は1mSv／年」を明言している[18]。国際条約は国内法に優先する。東電事故後日本政府は、「公衆防護は1mSv／年」の表記を消し去った。しかし報告土台は変化していない。国際的には今も「1mSv／年」が活きているのである。

§5. 東電福島原発事故　69

§6 東電原発事故後の健康被害

第1節　放射線被曝被害はなかったのか？

▶「科学」操作で「事故とは関係ない」とされる甲状腺がん

「健康被害は一切ありません（明らかに嘘である）」、「食べて応援（有害物質の積極的摂取強制）」、「風評被害払拭（食材選択の基本的人権排除）」と喧伝された。健康危害物質として認知される放射性物質が汚染地では、生産される米／野菜等に必然的に吸収され、あるいは付着する。複雑な事情があるとはいえ、健康危害物質を積極的に摂取させる「食べて応援」は生存権に違反する憲法違反行為である。人権に対する冒瀆行為である。これが大々的になされた。

コロナなどの他の健康破壊因子とは全く扱いが逆である。新型コロナは検査で明瞭に確認できるが、放射線被曝の危害は多種多様な形で現れ、ICRPは隠蔽し、臨床的には解明困難と言われ、原因特定が困難である。「健康被害はない」と言いやすい。

原子力ロビーは重松逸造氏の被曝原因を精神的ストレスに原因転化する方式で、チェルノブイリの健康被害がないことを導いた[43]（ないことにする似而非診断基準を導いた）。また原爆被災者である「長崎被爆体験者」は内部被曝の現実被曝を「被曝したのではないかという精神的ストレスが原因」とされている。IAEA「チェルノブイリ事故後10年」[4]で

71

主張された「永久的に汚染された地域に住民を居住し続けさせるための「心理学的ケア」は、東電事故後では、山下俊一氏[30]らの「放射線の影響は、実はニコニコ笑っている人にはきません。くよくよしている人にきます。」という虚偽発言に表わされる原因転化論（精神主原因論）を主とする。

　日本住民は政府から棄民され、いったい命をどう守れるのだろうか？

　放影研による被爆者の寿命調査（LSS14）等によれば、発がんなどの健康影響にはしきい値がゼロであることが実証され、組織的影響においても極低線量で健康被害が生じることを示している（被爆者寿命調査 LSS 第 14 報[17]）。また数多くの低線量被曝の健康被害が報告されている[17]。健康影響が及ぶ範囲は、放射線の作り出す酸化ストレスによる機能不全（酸化ストレス症候群）が全身に及ぶ多量な疾病を誘発し、放射線関連死は従来の概念をはるかに超えることなどが最近の病理学では明瞭になっている[10]。最新の科学成果が無視され続けていることが大問題である。

　2 度の戦争核攻撃を受けた日本、ビキニ被災も経験した。世界はチェルノブイリの経験もある。政府発表でさえヒロシマの 168 倍のセシウム 137 が福一から放出されていて、「何の被曝影響もありません」は明らかに現実を無視しないと言えない論である。日本政府の対応方針は「データを出さないことが最大の防護」という科学を逆手に取った姿勢である。

▶ 小児甲状腺がんの甲状腺被曝線量を計測させなかった

　悲しいことに、そして恥ずべきことに、この日本では、亡くなった人が統計に表れて[38]初めて「放射線被曝で亡く

なった可能性」を訴えることができるのだ。しかも「津波の犠牲者」等の直接原因が分かる死亡はマスコミが大々的に報じる。

ところが放射線被曝による犠牲者は非常に分かりにくい上に、原子力ムラが隠しマスコミも報じない。小児甲状腺がんの扱いが好例である。ましてや、市民研究者が厚労省人口動態調査を分析し発表してもマスコミは絶対トピックスとしては扱わない。さらに統計データは数値やグラフの表示に寄ることになり、市民の直感的認識を誘導しがたい。放射線被曝の被害は住民の危機意識を喚起するには遠い存在なのである。

原発事故後チェルノブイリ周辺国ではおよそ5000報告[3]という健康被害に関するデータが出された。日本での報告数はせいぜい十数報である。日本では健康被害はないのか？

小児甲状腺がんの発症率は極めて高く、科学的には明快に放射線被曝が原因とされる。政府と福島県は甲状腺被曝線量の測定を拒否した。福島では被曝を定量的に判断するデータ採取はなされなかった[45][8]（1080人のデータがあるとされるが、採取方法自体が定量的に取り扱えない極めて杜撰なもの）。かつ、福島県知事は「市民の不安をかき立てる」として甲状腺の線量測定を止めさせている。

福島県民健康調査検討委員会や国連科学委員会（UNSCEAR）等は、甲状腺がんを「原発事故によらない」とするが、科学原則に反する科学操作を行った結論付けなのだ。ある地域のがん発症数は①以前の調査から今回の調査までの時間（観察期間）と②その地域の放射線被曝量の両者に依存する[44][8]が、上記委員会は観察期間を全く無視し、異なる観察期間のデータを混ぜ合わせている。それでは正当な科学的評価ができる

§6. 東電原発事故後の健康被害　73

はずがない。

　たくさんの科学文献が小児甲状腺がんは放射線被曝による
ことを裏付ける[44]。

① Tsuda et al.: Epidemiology 27 316- (2016)、津田
　　敏秀ら：「甲状腺がんデータの分析結果」科学 87
　　(2) 124-(2017)
②松崎道幸：「福島の検診発見小児甲状腺がんの男
　　女比（性比）は チェルノブイリ型・放射線被曝型
　　に近い」
③豊福正人：「『自然発生』ではあり得ない〜放射線
　　量と甲状腺がん有病率との強い相関関係〜」
　　https://drive.google.com/file/
　　d/0B230m7BPwNCyMjlmdTVOdThtbEE/view
④矢ヶ﨑克馬：「甲状腺がん──スクリー ニング効
　　果ではない」
　　https://www.sting-wl.com/yagasakikatsuma2.
　　html
⑤矢ヶ﨑克馬：「多発している小児甲状腺がんの男
　　女比について」
　　https://www.sting-wl.com/yagasakikatsuma21.
　　html
⑥ John Howard:「Minimum Latency & Types or
　　Categories of Cancer」 World Trade Center
　　Health Program, 9.11 Monitoring and Treatment,
　　Revision: May 1, 2013.
　　http://www.cdc.gov/wtc/pdfs/wtchpminlatcancer

2013-05-01-508.pdf

⑦加藤聡子ら：Cancers 15（18）4583　2023

⑧医療問題研究会：『甲状腺がん異常多発と広範な
障害の増加』耕文社、（2015）

⑨甲状腺被曝の真相を明らかにする会：『福島甲状
腺がん多発』耕文社、（2022）

第2節　小児甲状腺がんの高率発生

▶ 事故後の高率発生

　チェルノブイリ事故後において健康被害としてＩＡＥＡ等
の原子力ロビーが認めざるを得なかった疾病は唯一、甲状腺
がんである。事故において大量の放射性ヨウ素が放出された
こと、血液に入ったヨウ素の10～30％が甲状腺に運ばれる
こと等が「甲状腺がん増加」の理由だ。

　東電事故後、報告されている最も懸念すべき健康被害は子
どもに出ている被害だ。

　多発する小児甲状腺がんは、第52回福島県「県民健康調
査」検討委員会（令和6〔2024〕年8月2日開催）で、2024年
3月31日現在で、悪性・悪性疑いは338人、手術者285人、
がん確定は284人に及んでいる[45][10]。

　平時の小児甲状腺がんは年間100万人に1人弱と少ないが
その100倍規模の確率で発生している。

　多発する小児甲状腺がんについては政府及び福島県等は
「スクリーニング効果[46]」であると言う。それまで検査をし
ていなかった人に対して一気に幅広く検査を行うと、無症状
で無自覚な病気や有所見〈正常とは異なる検査結果〉が高い

§6.　東電原発事故後の健康被害　75

頻度で見つかる現象だ。

　福島県民健康調査検討委員会はそれまでの「小児甲状腺がんと原発事故との間には関係が見いだせない」としてきたところを、2019年に「甲状腺検査本格検査（検査2回目）に発見された甲状腺がんと放射線被曝との間の関連は認められない」と断言した[47①、②]。発がん率は放射線量と観察期間に比例するところ、同委員会は観察期間を無視することによりこの結論を導いた（前出）。これらはＵＮＳＣＥＡＲのデータに裏打ちされると言う。しかしＵＮＳＣＥＡＲの発表する「甲状腺線量」は50分の1から100分の1に過少評価されていることが科学的に判断される（加藤聡子ら[44⑦]）。福島の小児だけが世界統計に比して甲状腺被曝線量に対する発病感度が50倍〜100倍高いわけがないのである。がんの罹患は現実であり、線量推定は人為操作である。ＵＮＳＣＥＡＲは「県民に被曝の影響によるがんの増加は報告されておらず、今後もがんの増加が確認される可能性は低い」と評価した[47③]。反面、多数の科学論文[44]が正反対の結論を導出している（上記）。「甲状腺がん多発は放射線被曝による」と結論しているのである。

　今までに科学的に確認されている甲状腺がんの実態は以下に整理できる。

①甲状腺被曝線量　日本政府は誠実な定量的測定を放棄した。2011年3月26〜30日に福島県のいわき市、川俣町、飯舘村で一般市民対象の、エネルギー分解ができない空間線量率用のシンチレーションサーベイメーター（γ線測定器）による放

表4　小児甲状腺がんの実態

（2024年3月31日、第52回検討委員会発表）

県民健康調査「甲状腺検査」の結果まとめ

令和6年3月31日現在

検査実施年度	先行検査 検査 1回目 平成23年度 〜 平成25年度	本格検査 検査 2回目*1 平成26年度 〜 平成27年度	本格検査 検査 3回目*2 平成28年度 〜 平成29年度	本格検査 検査 4回目*4 平成30年度 〜 令和元年度	本格検査 検査 5回目 令和2年度 〜 令和4年度	本格検査 検査 6回目 令和5年度 〜 令和6年度	25歳時の 節目の 検査 平成29年度 〜	30歳時の 節目の 検査 令和4年度 〜	計
対象者数（人）	367,637	381,237	336,667	294,228	252,938	211,892	149,843	44,489	−
一次検査受診率（%）	81.7%	71.0%	64.7%	62.3%	45.1%	20.0%	8.4%	5.0%	−
二次検査対象者数（人）	2,293	2,230	1,502	1,394	1,346	582	651	139	−
二次検査受診率（%）	92.9%	84.2%	73.5%	74.3%	82.3%	41.8%	85.1%	84.9%	−
悪性・悪性疑い（人） ※細胞診の結果	116	71	31	39	46	6	23	6	338
手術実施者数（人）	102	56*3	29	34	42	−	18	4	285
病理診断（人） 乳頭癌	100	55*3	29	34	41	−	17	4	280
病理診断（人） 低分化癌	1	0	0	0	0	−	0	0	1
病理診断（人） その他の甲状腺癌	0	1	0	0	1	−	1	0	3
病理診断（人） 良性結節	1	0	0	0	0	−	0	0	1

*1 平成30年3月31日現在　*2 令和3年3月31日現在　*3 令和4年3月31日現在　*4 令和4年6月30日現在

甲状腺がんの増殖速度の早さを示す重要知見
2年間で、「検出不能」から少なくとも5.1mm以上に増大した人数
2巡目33人、3巡目7人、4巡目6人　計46人　　（84頁「▶検査の方法／順序」参照）

　　　射能汚染検査を行った。その時たまたま参加して
いた0〜15歳の子ども1080人に対して甲状腺に
「放射能汚染があるか無いか」のテストをした[45][⑧]。
ヨウ素の放射線を特定できず、かつバックグラウ
ンドとして測定しなければならない参照測定の方
法も科学原則を逸脱した不適切な方法であり、甲
状腺被曝線量としては、定量的に検討する資格
の無いデータである。福島県内だけで、対象者
は38万人いるのであるが、政府・福島県は定量
的に検討できる甲状腺被曝線量測定は一切行わな

§6. 東電原発事故後の健康被害　77

かった。日本政府・福島県は意図的にデータを取ることを避けたのである。しかるにこの 1080 人の測定を原子力ムラは悪用したのである。

②**患者の現れ方**　前記したように、2024 年 3 月 31 日現在で、悪性・悪性疑いは 338 人、手術者 285 人、がん確定は 284 人 [45][10]

③**ほぼ 2 年間の検査期で検出不能から 5.1mm 以上に増大した人は 46 名。**

④**手術の現状**　手術者は 285 名／338 名（2024 年 3 月）手術原則　(1)10mm 以上に限る　(2)10mm 以下では転移が認められるものに限る。

⑤**ＵＮＳＣＥＡＲが 70 分の 1 の甲状腺線量過小評価**　ＵＮＳＣＥＡＲ判断は科学的ではない。上記①で示したように、不適切な測定による 1080 人を根拠とする。発症率は同一被曝なら、どこでも同じという原理を適用するとＵＮＳＣＥＡＲは被曝線量を 50 分の 1 から 100 分の 1 に過小評価している [44][7]。

⑥**福島県民健康調査検討委員会**　被曝線量に依存するデータを非科学的操作で依存しないに変換した。がん発生数に関与する要因は、被曝線量と観察期間であるが、観察期間を考慮せず、観察期間を、混ぜ合わせることによって被曝線量に依存しない結果を導いている。

⑦**原発事故に関係しない論**　スクリーニング効果／過剰診断論／倍々ゲームで 5 年間は発病までかかる、20 年先のがんの先取り論等々。いずれも特

徴は観念先行で現場を科学分析せず実際に現れた
事実を切り捨てることを行い、科学とは逆のもの
である。

第3節　甲状腺被曝線量測定は誠実に実行されていない

▶ チェルノブイリのデータと日本のデータは比較可能な科学データか？

　ＵＮＳＣＥＡＲの判断の基礎は前記したように「定量的目的としては検査されなかった不適切データ」の1080例である[45]。データ自体が「甲状腺被曝線量」を測定する目的ではなく、不適切な地域、不適切な計器・方法による似而非測定であるのだ。

　にもかかわらず、日本政府は1080人の甲状腺被曝線量をチェルノブイリ事故の際のベラルーシの13万人測定結果と比較する[45⑦]。

　ベラルーシの調査は1986年事故直後2カ月以内の13万人の測定がデータベースとなり、例えばCardis ら[45③]によれば15歳以下の1500人に付いてホールボディーカウンター（ＷＢＣ）で測定した線量推定が綿密になされている。チェルノブイリ周辺国ではスペクトロメーター（核種が判定できる測定器）、ＷＢＣ等を駆使して、全数35万人に及ぶ核種別の放射線被曝量の調査が行われている。

　事実は明らかに比較しようのない（科学的に意味のない）日本の「データもどき」をれっきとした測定結果と比較しようとしているのだ。

　厚労省によると自ら、「このデータは、限られた住民に対

§6. 東電原発事故後の健康被害　79

して行われた調査のものであり、全体を反映するものではない」としている。

さらに加えて、UNSCEARはこのデータを元にして甲状腺被曝線量を推定した。

しかも驚くことに厚労省は前言にも拘わらず、

　　検査を受けた子供全員の甲状腺被曝線量が50mSv以下であり、UNSCEARによるチェルノブイリ原発事故での甲状腺被曝線量に関する解析46②）では、小児甲状腺がんの発生の増加が見られたベラルーシでの小児甲状腺被曝線量は、特に避難した集団で0.2〜5.0シーベルトあるいは5.0シーベルト以上といった値が示されており、福島県で調査された甲状腺被曝線量より二桁も大きい値。

と言明する。

政府はまさに詭弁を弄している。「全体を反映するものではない」としながら、定量的比較を行い、「全体の傾向」と位置づけるという矛盾した情報操作をしているのだ。

この「操作」によりUNSCEARは日本の甲状腺被曝線量データをおよそ50分の1から100分の1に過小評価しており[44]、政府はこれに飛びついたのだ。

しかし、ウクライナにおける小児甲状腺がんの51.3％が100mSv以下である（10mSv未満：15.5％、10〜50mSv未満：20.6％、50〜100mSv未満：15.1％）[45⑥] ことが判明していて、事実は「フクシマは被曝線量が低いから甲状腺がんはあり得ない」という主張の根拠を全面否定しているのである。

▶ 測定された地域は汚染地域を代表するものではない

日本のデータはどのようにして取られたか？

2011年3月23日までに緊急時迅速放射能影響予測システム（SPEEDI）によって「1歳児の甲状腺等価線量が100mSv以上となる」と予測されたのは11市町村にわたる地域である。具体的にはいわき市、南相馬市、大熊町、双葉町、浪江町、川俣町、富岡町、楢葉町、広野町、飯舘村、葛尾村[45②]である。

原子力災害現地対策本部は2011年3月26〜30日に福島県のいわき市、川俣町、飯舘村で0〜15歳の子ども1080人に甲状腺の簡易な被曝調査を行った。空間線量率用のシンチレーションサーベイメーターを使った測定である（ヨウ素等の核種の特定できない全ガンマ線量だけの測定で、バックグラウンドの測定方法も汚染された衣服の上から行うという過大評価を招くこの上なく杜撰な測定である）。この測定地域は、100mSv予測範囲を辛うじて含む地域であり、福島全県の小児および予測範囲を代表するような意味を持たない。

また福島県民健康調査検討委員会の対象である37万人の小児に対してたったの1080人でしかなかった。

甲状腺線量が測定された川俣町はそもそも避難指定区域（20km圏内）にも屋内退避指定区域（30km圏内）にも該当していない地域であり、いわき市、飯舘村は避難指定区域（20km圏内）の圏外で、屋内退避指定区域（30km圏内）に一部ひっかかっているにすぎない地域である。一番被曝線量の多いと予想される地域はもとより、100mSv以上を予測された地域の大部分での測定は対象となっていない。他の測定目的のつい

§6. 東電原発事故後の健康被害　81

でに測ったに過ぎない。

▶ 測定方法は定量的議論には不適切な、測定の基準に達しない似而非データである

　測定方法は上述のように空間線量率測定用のシンチレーションサーベイメーターを用いて行われた。ヨウ素131とセシウム137等の識別はできずガンマ線全ての合算値である[45][8]。

　この測定は、測定プローブを甲状腺に押し当てて測定した値からバックグラウンドの値を引くものである。甲状腺被曝の有無を大雑把に判断する手段であり、バックグラウンドの値より測定目的である甲状腺線量が一桁以上大きいときに初めて定量的な意味をなすが、測定結果を見るとこの条件は満たされていない。

　バックグラウンドの放射線量は測定プローブを甲状腺に押し当てた時に甲状腺周囲の首、頭、胴体などの遮蔽を受け、甲状腺に押しつけた状況でのバックグラウンドは著しくカットされる。バックグラウンド自体の測定方法は、首の太さと同程度の太さを持つ太もも部分を対象にし、汚染を拭き取って測定することである。しかし調査検討委員会は汚染した衣服の上から肩に押しつけて測定したのである。甲状腺に押し当てて測定するときは、衣服の汚染はカウントされないので著しい過小評価である。

　さらに、ヨウ素汚染として甲状腺被曝線量100mSvを空間線量率に換算すると約0.2μSv／hとなり、セシウム137主体のバックグラウンドが0.2μSv／h以上の環境では、核種の分解能のない測定器であるシンチレーションカウンターでは、得られる値は定量的な意味をなさない。原子力安全委員

会事務局の資料2によれば、バックグラウンドの値が0.2μ
Sv／hを上回る多くのデータが報告されており、特に山木屋
での被測定者全員（37名）のバックグラウンドは2.4〜2.9μ
Sv／hと報告されている[45][8]。

　用いた測定器具と方法の両者から判断して正確な計測値は
得られない。著しい過小評価を招く。

▶ 測定値の実態

　この被曝調査でもっとも甲状腺等価線量が高かったのは
福島第一原発から直線距離で約40kmのいわき市役所の近く
（100mSv予測圏最南端付近）に住んでいた4歳児で甲状腺等価
線量35mSvだ。ここでの測定はこの地域の対象児童生徒数
の0.2％（100mSv予測圏内23人、圏外106人）しか測定してい
ない。また、政府／行政は甲状腺等価線量測定の目的意識を
持たず、従って事前の告知はなく、たまたま市役所に来てい
た小児を測定したまでである。

　付言すれば、弘前大学の床次眞司教授のグループがガンマ
線スペクトロサーベイメータを使った甲状腺の被曝調査を
行った。福島原発事故から1カ月後の2011年4月12〜16日
に福島県の浪江町民17人、福島市に避難していた南相馬市
民45人の合計62人に対して行ったものだ。0歳〜83歳まで
幅広い年齢層が検査を受けた。1カ月後のこの時、最も甲状
腺被曝量が高かったのは40代の方で33mSvだった。ヨウ素
131の半減期は8日であるから3月15日のヨウ素放出開始
日から数えておよそ線量が8.80％〜6.25％に減衰している時
の測定値である。初期値は375〜528mSvほどである。

　残念ながら福島県からの「市民に不安を与える」という抗

議でこの測定は中止されてしまった。

　この抗議は県当局（政府はもちろん）の驚くべき無知と無責任さを表わすだけでなく、権力の意図的棄民（反人権）姿勢を示すものである。

▶「スクリーニング効果」ではない

　UNSCEARあるいは福島県民健康調査検討委員会が主張する「スクリーニング効果」の根拠となる線量比較は、比較自体が成り立たない測定まがいの結果を利用しているに過ぎない。また、同委員会自体が行った甲状腺健診の結果はスクリーニング効果を否定している。

　現実の「がん罹患者が通常より二桁も多いのはスクリーニング効果の結果」とする説を否定する結果が、福島県民健康調査検討委員会の測定結果そのものに現れている。1巡目の有病者は116名、2巡目は71名。いずれも世界の小児甲状腺がんの通常の発生率を3桁も上回る値である。もし、「スクリーニング効果で将来発見されるべき甲状腺がんを精密測定で先取りしている」のならば、1巡目で網羅されるはずであり、2巡目で新たに現れるはずがない。

　ここで検査の方法などを紹介する。

▶ 検査の方法／順序

　検査はまず甲状腺エコー所見に従ってA1、A2、B、Cの判定を行う。

　判定は以下の基準である。

　　A1：のう胞、結節ともに、その存在が認められな

かった状態。

A2：大きさが 20mm 以下ののう胞、または、5mm 以下の結節が認められる。

B：大きさが 20.1mm 以上ののう胞、または、5.1mm 以上の結節。

C：すみやかに 2 次検査を実施した方がよいとの判断。

　その結果 B ないし C 判定となった者が「要精査」とされ、2 次検査に回される。2 次検査では詳細な超音波検査や血液検査、尿検査、細胞診を行う。

　2 巡目で「悪性ないし悪性疑い」と判断された 71 名は、1 巡目での判定は A1：33 名、A2：32 名、B：5 名、未受診：1 名となっている。

　2 年間で結節が「検出不能」（A1 判定）から少なくとも 5.1mm へ増大した人の数は、4 巡目まで総計 46 人もいる（表 4 下のコメントに記入している）。

　短期間で成長した「悪性ないし悪性疑い」が多数発見された。がんが疑われる大きさまで組織が増殖することはスクリーニング効果では決して説明できない [45⑨]。

　このことが語る非常に重要な情報は、「東電事故後の小児甲状腺がんの多くは非常に短い期間で増殖し大きくなる」ということである。これはれっきとした福島県の調査によって現れた事実であり、「あり得ない」と形而上学的経験論に基づいて客観的事実を否定して片づけられるものではない。

　しかも 2 巡目の有病発見率が 1 巡目と同程度に「高率」であること自体がスクリーニング効果ではあり得ないことを物語っている。

§6. 東電原発事故後の健康被害　85

▶ 山下俊一らのチェルノブイリ調査で「甲状腺がんはヨウ素被曝起因」が明瞭

山下俊一氏グループはチェルノブイリ原発事故後重要な調査を行っている。原子炉事故日：1986年4月26日にすでに産まれていてヨウ素を吸い込み内部被曝をした子供達と、チェルノブイリ原発事故後しばらくしてから生まれヨウ素を吸い込まなかった子供達との間に小児甲状腺がんの発症率に違いがあるかどうかを調査した[45][5]。

それぞれの子どもを1万人程度ずつスクリーニングしている。チェルノブイリ原発事故当時に生まれていた（1986年4月26日以前出生）子供達の結果は31人（9720人中）が甲状腺がんと判定され、生まれていなかった子ども（1987年1月以降出生）のがん判定はゼロ人（9472人中）だった。このことは明確にスクリーニングをしても被曝をしていない子どもには甲状腺がんが発生していないことを示している。

福島県での甲状腺検査結果を「スクリーニング効果」という理屈は山下氏自体が研究した結果により破綻している。

▶福島県民健康調査検討委員会の奇怪な「科学検討」

いかにすれば「放射線依存でない」かに見せることができるかを工夫する「科学」分析といえる。

福島県民健康調査検討委員会に[45]よる健康調査は、原発事故当時18歳以下の者に対して実施されているが、典型的な誤りが表れている1巡目と2巡目について分析する。

対象者は約38万人のところ1巡目は30万人、2巡目は約28万人に実施された。

全59市町村、実施時期で16区分あり、調査順序は地域汚染が強い順になされた。

① 16区分について観察期間（前調査から当該調査までの実質的月数）と放射線量に依存する2因子を当該地域の人口当たりの（がん・悪性懸念）患者発生率の分析要素として統計を取るべきである。福島県民健康調査検討委員会はこの様な科学的方法論に従うべきであるところ、この大事な科学的方法論を無視した。

② 調査検討委員会の方法は主として「観察期間の長さに有病者が比例する」という法則を無視する（その法則に従わない）数値処理である。

③ 福島県民健康調査検討委員会のデータ整理は4つの群に分けたのであるが、それぞれに観察期間も外部線量も人口も異なる市町村を含み、その平均値を取るという操作により、個別に独立に扱うべき物理量（被曝線量と観察期間）を混在させて平準化してしまったのである。その結果彼らのデータ整理では4区域の有病率が被曝線量に比例しないことを導いた。しかしこれは誤った方法による帰結である。

④ 2巡目のデータについて、福島県民健康調査検討委員会は、一旦は、汚染度を反映した地域に対して明瞭に依存関係を示した[48]。それは4区分が被曝線量順に測定された区分であったために、平準化された観察期間の誤差が生じた有病者率の誤

差を下回ったからである。しかし、同委員会は指標を「ＵＮＳＣＥＡＲ推定による甲状腺被曝線量」に置き換えた。この操作によって「観測期間」の分布がメチャクチャ入り乱れるところとなった。この操作によって、「原発事故に関係ない」と言う結論を導いた。観察期間依存を決定的にごちゃ混ぜにし放射線量依存を見えなくしたのである [45][10]。

⑤科学的原則に反する「データ整理」は事実認識を意図的に誤らせる操作である。

　同委員会の第13回甲状腺検査評価部会（2019年6月3日）の結論の導き方は甲状腺がんが「原発事故と関係ない」と見えるような見せかけの依存関係を作ることを目的としていると判断されても仕方のない「科学操作」をしている。甲状腺がん発生数は2要因に寄る。2要因は被曝線量と観察期間である。同委員会は観察期間を考察対象外に置いた。観察期間の異なる検査が実施された16区分を4区分にまとめてしまった上で、さらに観察期間が大幅に異なる集団をメチャクチャに混合したのである。

⑥なお、潜伏期間については、同調査検討委員会の検査結果が示すように非常に短期間であった。しかし、「がん細胞の増幅期間を考慮すると5㎜まで成長するに最低5年はかかる」とする経験論が事実を否定しようとする。客観的事実と考察の関係の逆転である。

この場合「最短潜伏期間」を考慮すべきであり、米国の疾病予防センター（ＣＤＣ）は包括的レビューを行い、「小児甲状腺がんの最短潜伏期間は１年」と結論を下している[45][6]。福島県による１巡目の調査については、強汚染地域を除く他の地域はこの条件を満たしており、強汚染地域（観察期間 9.5 カ月〜11 カ月）はほぼこの条件に匹敵する期間である[44][3]。

⑦２年間でしこりが「検出不能」から少なくとも 5.1mm へ増大した人の数は、２巡目 33 人、３巡目 7 人、４巡目 6 人で計 46 人もいる（第 42 回福島県民健康調査検討委員会発表、2021 年 7 月 26 日現在）。経験論を事実の上に置いてはならない。

⑧観察期間が明瞭に示される 16 区域毎に、放射線量を加味して分析する：地域ごとの有病率を経過時間で基準化することで地域の被曝線量との間に、一巡目から正の相関が明瞭に確認された[44][3]。

　16 区分各地域の甲状腺がん有病率をヨウ素放出からの観察期間で除した値が、各地域の放射線量に正に比例することが確認されたのである。予想される合理的な結果である。即ち、小児甲状腺がんは事故による放射線被曝に原因する。

§7　事故以来 9 年間で何と 63 万人の異常過剰死亡と 57 万人の異常死亡減少

第 1 節　厚労省人口動態調査

　厚労省の人口動態調査のデータを解析した矢ヶ﨑克馬と小柴信子によると [38]、男女別年齢別死亡率の解析からは、若年層（0 歳～19 歳）と老年層（60 歳以上）は 2010 年以前からのトレンドに比較して死亡者の異常増加が認められ、体力のある青年壮年層（20 歳～59 歳）では死亡者の異常減少が確認された。集計すると死亡者の異常増加数は 63 万人、異常減少数は 56 万人であった。見かけの死亡率は 7 万人程度しか死亡増加が見えないが、年齢別死亡率を見ると大変な状況が判明したのである。

　これらの死亡原因の探究はなされていないが、死亡率の異常増加・減少が原発事故以降に集中するという時間相関は、被曝被害を真っ先に推察させる。放影研その他の公的研究機関は、残念ながらその様な実態の報告は一切していない。

　既に論じたが、被曝リスクは 2 要因に依存して増減する。2 要因とは、放射線吸収線量と電離損傷の修復困難度である。ＩＣＲＰ体系ではリスクは 1 要因：実効線量のみに依存する、という科学に反する記述形式によって、内部被曝をはじめとする電離損傷修復困難度を一切問題としない「過小評価」体系を敷衍させている。のみならず、電子損傷の対象を事実上 DNA だけに限定し、膨大な種類と数に上る「活性酸素症

候群」を被曝被害対象から除外している。東電事故に関連した健康被害をほとんど否定している国際原子力ロビーおよび日本政府であるが、この判断は上記の科学にならない基準に則っているほか、かなり強引な「政治」的誘導がある。事故後の健康被害を可視化することが基本的人権・民主主義を確保する上からも必要である。事実は多くの健康被害が2011年を境として急増している。この急増はICRPの過小評価体系を念頭に置いて科学的に検討すれば、「放射線被曝による」と判断可能である。

> 以下たくさんのグラフを提示する。
> 先ず2011年はどこかをX軸で確かめていただきたい。そして、2011年以降の振る舞いが、2010年以前のトレンドに従っているかいないかという視点でグラフを見ていただきたい。
> 縦軸の健康被害は放射能の強さとは因果関係を示されていないが、時間依存が事故と相関する。

第2節　日本独自の被害

　チェルノブイリで居住を禁止されたと同等の汚染区域内に、日本ではおよそ120万人以上の生産者が居住する。チェルノブイリではあり得なかった汚染地帯での生産が継続され、大量の汚染食品を毎年供給することとなった。「食べて応援」で、日本中に内部被曝被害が2次被害として現れた。汚染地帯居住者中心に全国的に上記被曝被害と考えられる死亡者の異常増加（と異常減少）がある。

帰還困難地域に指定され故郷を放棄させられた住民だけでなく広汎な市民が事故被災者と位置づけられるのだ。

　なお、都道府県ごとの性別年齢別死亡率データはなく、放射能汚染に関する地域依存との関係は得られない。

　東電事故の放射能汚染は放射線微粒子が拡散された地域は、主として関東圏を含む東日本であった。しかし、食べて応援で被る内部被曝は放射能汚染食品の販売状況に依存する。必ずしも、放射性微粒子の降下量だけに依存するわけではない。福島県産米は名目的にはその60％が県外に出る。例えば、沖縄は放射性微粒子の降下は全国で最小の地域群の中にある。しかし、沖縄の2012年における福島県産米移入は3500トン、県民1人あたり2.3kgであり、全国3位（1位は東京、2位は兵庫）。4位の大阪府の7.5倍の量であった。この様に、外部被曝を主として左右する放射性降下物の多寡と食品摂取による内部被曝の多寡は異なる。その様な状況で健康被害の実態を探る。

　ここでは、(1)国全体の死亡率、(2)死亡率の男女比、(3)その他、死因別、疾病別等、の経年変化を確認し検討する。

　データは主として、厚労省の人口動態調査を分析した。国全体の死亡率では、粗死亡率、年齢調整死亡率に付いては、いずれも2011年以降、それ以前と比較して明瞭な死亡者の異常増加が継続する。男女別年齢別死亡率に付いては死亡率の異常減少と異常増加の年齢層が存在することを確認した。見かけの死亡率増加からは予測もできない大量な死亡の異常増加が認められる。

＊粗死亡率　　その年の死亡者を人口で除した死亡率。

　粗死亡率変化の原因には年齢構成変化と死亡率変化がある。

　§7.　事故以来9年間で何と63万人の異常過剰死亡と57万人の異常死亡減少　　93

＊年齢調整死亡率　死亡率そのものの経年変化を求めるには年齢構成を一定に保つ操作が必要である。厚労省は、基準年を 1985 年と定めている。

第3節　性別年齢別死亡率—死亡率増加と減少の2パターンが判明—

　日本の年齢別死亡率は5歳区分で統計が取られている。大局的に見て二つの相反する傾向があった。2010 年以前のトレンド線（推定線）に対して、概ね0歳〜14歳の小児・若年層および 60 歳以上の老人層は 2011 年以降死亡率・数が増加している。それに反して、20歳〜49歳の青年層〜壮年層の死亡率・数は 2011 年を境として 2010 年以前の傾向より減少している（**表5**参照。この表は 2011 年〜2019 年の各年ごとの死亡者数を 2010 年以前からの推測値と比較して増減を判断している）。原発事故年である 2011 年より後、死亡率が減少する年齢層があることに留意し、見かけ上の死亡の異常増加より遙かに多い異常増加があることを確認されたい。

▶ 性別年齢別死亡率の経年変化

　図 5A に0〜4歳集団死亡数の年次依存を示す。

　男子の死亡率が一貫して女子のそれよりも大きい（この傾向は全年齢を通じて変わらない）。男子は 2011 年にわずかな増加が認められるが、2010 年以前のトレンドに対してあまり変化していない。それに対して女子は 2011 年で死亡率（図5A）と死亡率の男女比（女／男）（図 5B）が突然増加して、それ以降増加傾向が継続している。

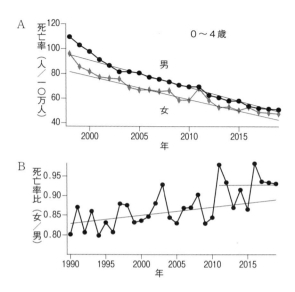

図5 0〜4歳の死亡数年次依存と死亡率男女比
A　0〜4歳の死亡率年次依存
B　死亡率男女比（女／男）

　図5Bの死亡率の男女比は0〜4歳では、女子の死亡率が男子のおよそ80〜95％であり、2011年以降の女子の死亡率異常増加分が男子より高いことを示している。2011年に新たな死亡要因が加わって、女子の方が感受性が高いのではないかと推察される。ちなみに死亡率の男女比（女／男）で、女子の死亡率が相対的に増加するのは0〜4歳、45歳以上（70〜74歳除く）であり、男の死亡率が相対的に増化するのは5〜39歳と70〜74歳である。

　ここで事故以前の基盤線は2010年以前のトレンドの直線近似（最小自乗法）で行った。2000年付近を境界として、以

§7. 事故以来9年間で何と63万人の異常過剰死亡と57万人の異常死亡減少

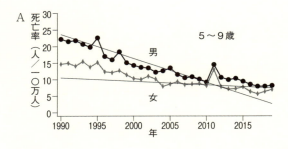

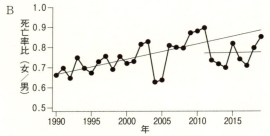

図6　5〜9歳の死亡率の年次依存
　A　5〜9歳の死亡率年次依存
　B　死亡率男女比（女／男）

前と以後で年度依存の勾配などトレンドが変化しているがここでは検討しない。ちなみに、粗死亡率の変化は1988年から2010年までは直線近似が良く当てはまる[49]。直線近似が2000年以降の概略で当てはまらない場合は直近の当てはまる部分に直線近似を適用した。直線近似が良く当てはまり、年数の対数を取るトレンド曲線を採用してもほとんど同じであった。

　図6に5〜9歳の死亡率の年次依存を示す。0〜4歳児とは逆に男子の2011年以降の増加が目立って大きいのに対して、女子は2011年で増加して2012年以降は死亡率が減少し

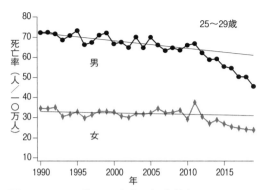

図7　25〜29歳の死亡率の年次依存

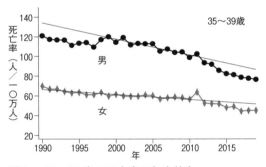

図8　35〜39歳の死亡率の年次依存

ている。死亡率男女比は図6Bに示される。2012年以降は女子の死亡率の相対的減少を示す系統的異常を示している。0〜4歳まで（図5B）とは逆の傾向を示す。女性の死亡の異常増加が相対的に男性より少なくなっている傾向は39歳まで継続する。

　図7には25〜29歳の死亡率の年次依存を示す。男女ともに2011年は死亡率の増加を示すものの、2012年以降は死亡

§7．事故以来9年間で何と63万人の異常過剰死亡と57万人の異常死亡減少　　97

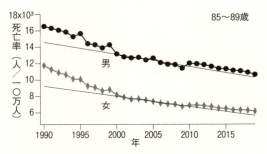

図9　85〜89歳の死亡率の年次依存

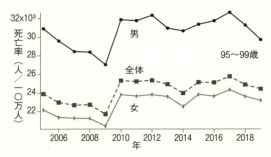

図10　95〜99歳の死亡率の年次依存

率の減少が継続する。予想もしなかった際立った特徴の典型例である。

　図8には35〜39歳の死亡率の年次依存を示す。図7と同様な特徴を持ち、この特徴は概略20歳〜59歳までの年齢層で現れた。

　図9および**図10**はそれぞれ85〜89歳および95〜99歳の年齢層の死亡率の年次依存である。特徴は2010年で2009年以前に比し突然増加してそれ以降継続して増加する。2010年でそれ以前と比較して増加する死亡率は85歳以上の年齢

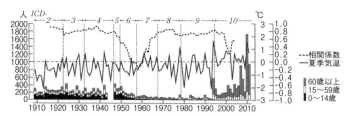

図11 暑熱による死亡数

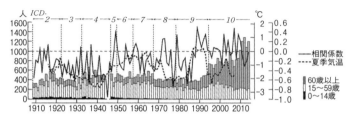

図12 低温によるによる年齢調整死亡率

層で明瞭である。なお、84歳以下ではほとんど無視できる。2010年は夏の熱暑が際立ち、特に60歳以上のお年寄りの死亡が増加していることが判明している[38][⑦]。

図11には熱暑による死亡率と夏季気温の偏差を示す[38][⑦]。2010年の気温の増大と60歳以上の死亡数の増加が突出している。観測以来113年間で初めての異常熱波が襲っている。記録の上でもお年寄りの死亡が際立っている。

図12には低温による年齢調整死亡率の経年変化を示す[38][⑦]。図12では縦軸は対数をとっている。全年齢の死亡率に対して、60歳以上の死亡率が大きく、特に80歳以上の死亡率は10倍規模である。

このことが図9および図10に示す85歳以上の2010年における死亡率増加の原因となっていると見なせる[38][⑪]。

従って85歳～89歳の基盤線（原発事故以前の死亡率トレンド）を2009年までの直線近似で行っている。

なお、死亡率の男女比（女／男）は、ほとんど変化しない40～44歳を除いた全ての年齢層で、2011年以降で急変していた。死亡原因に新たな一因が加わったことを示唆する。

地球温暖化の側面から、熱暑・寒冷効果が2011年以降も継続すると考えた場合、死亡率の増加が継続することが予想される。しかし、年齢別死亡率統計上では死亡の異常増加と異常減少が同期して生じているから、熱暑・寒冷の死亡率異常増大は主原因ではないと考察できる。

▶ 各年齢層の死亡者の異常増減

• 年齢層毎の特徴

以下に全体について大雑把な傾向を記述する。

① 0歳～4歳の死亡率では、2011年以降女子は増加し、男子は2011年の微増を除いてほとんど2010年以前のトレンドに乗っている。

② 5歳～9歳では逆に男子の死亡率が異常増加し、女子はむしろトレンドより減少している。

③ 10歳～14歳では男女ともにトレンドより増加している。

④ 15歳～19歳では男子は増加、女子は減少。

⑤ 20歳～24歳では男子は増加（2014年まで）から減少へ、女子は減少。

⑥ 25歳～39歳では2011年の増加と2012年のトレンドに乗っていることを除いて他の年齢層で減少。

⑦ 40歳〜49歳では男子は減少、女子はトレンドに
　乗っている。

⑧ 50歳〜54歳では男女共にトレンドに乗っている。

⑨ 55歳〜59歳では男子減少、女子はトレンドに
　乗っている。

⑩ 60歳〜64歳では男女ともに増加。

⑪ 65歳〜74歳では女子は増加、男子は前半はトレ
　ンドに乗り、後半は増加。

⑫ 75歳〜79歳では男はトレンドに乗っている、女
　は増加。

⑬ 80歳〜84歳では男子は2013年以降減少、女子
　は増加。

⑭ 85歳〜100歳以上まで、男女ともに2010年度で
　急増。以後増加を持続。

（2010年の異常気象による老人の死亡者増加は上述[38⑦]）。

　これらの状況を**表5**に示す。

　「女／男」は死亡率の男女比、「男」は男子の死亡率、「女」
は女子の死亡率。

　2010年以前のトレンドに対し、2011年以降の死亡率の年
度毎の増減をプラス、マイナス、不変、で示した。

　表中のPは増加（positiveのP）、Nは減少（negativeのN、
Zは2010年以前のトレンドに乗っている（zeroのZ）、Sは少々
（smallのS）

　灰色にハイライトした部分が死亡率が減少した年次である。

　男女別に見ると、

表5 死亡率の年ごと・年齢層毎の異常増加と異常減少

2011以降ずれ	女/男									男									女									2007
年	11	12	13	14	15	16	17	18	19	11	12	13	14	15	16	17	18	19	11	12	13	14	15	16	17	18	19	男/女
0~4	P	P	Z	P	Z	P	P	P	P	SP	Z	Z	Z	Z	Z	Z	Z	SP	P	P	P	P	P	P	P	P	P	1.2
5~9	P	Z	N	N	N	N	N	N	N	P	P	P	P	P	P	P	P	P	P	Z	N	N	Z	N	N	N	N	1.2
10~14	P	SN	N	P	N	N	N	N	P	P	P	P	P	P	P	P	P	P	P	P	P	P	P	P	P	P	P	1.2
15~19	P	N	N	N	N	N	N	N	N	P	P	P	P	P	P	P	P	P	P	Z	N	N	N	N	N	N	Z	2
20~24	P	N	N	N	N	N	N	N	N	P	P	P	P	N	N	N	N	N	P	N	N	N	N	N	N	N	N	2.1
25~29	P	N	N	N	N	N	N	N	P	P	Z	N	N	N	N	N	N	N	P	N	N	N	N	N	N	N	N	2
30~34	P	Z	Z	N	N	N	N	N	N	N	N	N	N	N	N	N	N	N	P	N	N	N	N	N	N	N	N	1.9
35~39	P	N	N	P	N	Z	N	N	N	N	N	N	N	N	N	N	N	N	P	N	N	N	N	N	N	N	N	1.8
40~44	P	Z	Z	Z	Z	P	P	Z	Z	N	N	N	N	N	N	N	N	N	P	Z	Z	Z	Z	Z	Z	Z	Z	1.9
45~49	P	Z	P	P	P	P	P	P	P	N	N	N	N	N	N	N	N	N	P	Z	Z	Z	Z	Z	Z	Z	Z	1.9

2011以降ずれ	女/男									男									女									2007
年	11	12	13	14	15	16	17	18	19	11	12	13	14	15	16	17	18	19	11	12	13	14	15	16	17	18	19	男/女
50~54	P	P	P	P	P	P	P	P	P	P	Z	Z	Z	Z	Z	Z	Z	Z	P	Z	Z	Z	Z	Z	Z	Z	Z	2
55~59	P	P	P	P	P	P	P	P	P	Z	N	N	N	N	N	N	N	N	P	Z	Z	Z	Z	Z	Z	Z	Z	2.3
60~64	P	P	P	P	P	P	P	P	P	P	P	P	P	P	P	P	P	P	P	P	P	P	P	P	P	P	P	2.5
65~69	P	P	P	P	P	P	P	P	P	P	P	Z	Z	Z	P	P	P	P	P	P	P	P	P	P	P	P	P	2.5
70~74	Z	N	N	N	N	N	N	N	N	Z	Z	Z	Z	Z	P	P	P	P	P	P	P	P	P	P	P	P	P	2.3
75~79	P	P	P	P	P	P	P	P	P	P	Z	Z	Z	Z	Z	Z	P	P	P	P	P	P	P	P	P	P	P	2.2
80~84	P	P	P	P	P	P	P	P	P	P	Z	N	N	N	N	N	N	N	P	P	P	P	P	P	P	P	P	2
85~89	Z	P	P	P	P	P	P	P	P	P	P	P	P	P	P	P	P	P	P	P	P	P	P	P	P	P	P	1.7
90~94	P	P	P	P	P	P	P	P	P	P	P	P	P	P	P	P	P	P	P	P	P	P	P	P	P	P	P	1.5

①男子の死亡率が減少している年齢層は、20～49歳、55～59歳、80～84歳である。

②女子の死亡率が減少しているのは、5～9歳、15～39歳であった。

③ほとんど変化しない年齢層は、男子では、0～4歳、50～54歳、75～79歳であり、女子は40～59歳であった。

④2010年の死亡増加を示す年齢は80歳以上である。

男女比（Pは2011年以降死亡率が女子の方が相対的に男子より増加している事を示し、Nはその逆である）は、大雑把には39歳以下では男子の死亡率増加が上回り、40歳以上では女子

の死亡率増加が上回る（例外が70歳〜74歳）。

▶ 死亡率の異常減少が56万人、異常増加が63万人

　5歳区分の年齢別死亡率・数ごとの分析の統計として2010年以前のトレンドに比較して死亡率が減少することに現れている死亡率異常減少人数が56万人である。2011年以降で死亡率の異常減少人数は随分膨大な人数に上るのである。参考になるのは「原爆被爆者の長寿命化」[50]である（後述、105頁）。それに対して2010年以前に比して死亡率が増大したことにより示される死亡者異常増加は63万人である。

　何と9年間で60万人を超える人が異常に死亡増加しているのである。

　原爆で命を落とした人が広島で14万人、長崎で7万人とされている原爆死亡者に比して異常に多数である。原爆被爆者の記録を参考にして考察すると一時期長寿化した様に見える被爆者も老齢化に伴い発がん率の上昇等で生涯寿命では結局短命化している。

　福島では「同じ部落内にお葬式が異常に多い」という訴えを各地で聞いている。2010年以前の粗死亡率トレンドに対して、福島県の相対的死亡率増加は全国の1.4倍である（**図15**参照）。

　死亡率が異常に減少した対象年齢層も、プラスマイナス合わせると9年間に120万人が影響を受けている。セシウム137の比較だけでも広島原爆の168倍（政府発表）の大量放射能汚染の結果であると言えよう。

　差し引くと見かけ上の死亡者異常増加数として7万人が得られる。この様子を**図13**に示す。現実に死亡している人数

§7.　事故以来9年間で何と63万人の異常過剰死亡と57万人の異常死亡減少　103

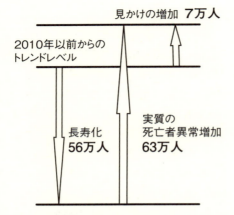

図13　9年間（2011～2019年）の長寿化人数と死亡者の異常増加人数

に比すと見かけ上は随分少ない人数である（誤解を避けるために言及するが、9年間に7万人と言えども激烈な死亡増ではある）。

同一年齢層内に死亡率が増加した人と減少した人があり、それらの個別死亡数は図13には反映していない。そのために数値計算上見かけの死亡数増加が過小評価されている。

同じ年齢層内でプラス（死亡率異常増加）とマイナス（死亡率異常減少）の効果が存在するから、それを考えて実際の死亡者の異常増加・減少は計算された数値より随分多く、異常増加の死者数は100万人規模に達している可能性がある。

なお、2011年度単年度の死亡者の増加は約6万2000名であり、地震津波で報告されている死亡者の約3.3倍に及ぶ[1]。

▶ 2011年で死亡原因に新たな要因が追加される

2011年以降で、全年齢に一斉に明瞭な変化をもたらした死亡率の増加あるいは減少は、死亡率男女比にも2011年において突然の飛躍を示し、その後継続している。2011年度で死亡原因に男女の感受性の異なる何らかの要因が新規に襲

いかかり継続したと推察可能である。

　何が 2011 年で生じたか？　放射線被曝が真っ先に浮かび上がる。冒頭に述べたように、過小評価の政府値でもセシウムベースで広島原爆の 168 倍という膨大な放射性物質の放出がある。

▶ 放射線ホルミシス効果か

　20〜59 歳までの年齢層に主として現れた死亡率の減少は、放射線ホルミシス効果であると判断できる可能性が高い。

　ホルミシス効果とは、生物がマイルドなストレスや微量の放射線などの刺激を受けることで、体内の細胞が活性化し、新陳代謝や免疫力、抗酸化作用などの効果が期待できる現象を言う。

　放射線被曝は、現象的には電離による分子切断と、それを修復する生体機能としての修復力の葛藤による。従って低線量の被曝によって修復機能が刺激され増強される事は生物学的に十分確認されている。今回も年齢集団としては体力旺盛な青年／壮年層に現れた（概略男性は 20〜54 歳、女性は 5〜39歳）のはこの「修復力の増強」が免疫力の強固な集団に現れていることと合致する。

　残念ながら、都道府県別年齢別死亡率の統計は取られていない。年齢別死亡率の 2011 年以降の増減についての線量依存のデータも得られていない。

▶ 被爆者寿命調査でも「長寿化後短命化」が確認されている

　原爆被爆者について、被曝後 45 年頃までのデータによると Preston による「原爆被爆者の長寿化」[50) とタイトル

する論文に、入市被爆者に長寿化（死亡率減少）が見られる。放射線影響研究所による「被曝者寿命調査」は初期の大量死亡者を除外していることと実際の被曝者を「非被爆者」として扱っていること等による被爆被害の過小評価を体系づけている。しかし、一旦固定した集団の健康状態の経年変化を観察する等の部分は正確な情報を与えている。被爆後45年程までの「入市被爆者長寿化」は信憑性の高いデータである。東電事故後の若年者を中心とする死亡者の異常減少と類似する。しかし原爆被爆者では、さらに被曝後65年ほど経過した時点では発がんなどの死亡率が増大し短命化が現実である。実質的な発がんしきい値はゼロであると言う結果も得ている[17①]。

　これらに共通する現象として捉えれば、今回確認された57万人という死亡者の異常減少は生涯を通じれば、短命化することが危惧される。

▶ **放射線被曝の健康影響はＩＣＲＰモデルの数層倍**

　さらに重大なことは従来からＩＣＲＰ等が放射線被曝の害を「がん」と少数の臓器機能消失などに限定してきたが、放射線被曝の影響はもっともっと広汎であり、諸死亡原因に関わっていると考える必要がある[59]。放射線が体内で電離・分子切断を行う3分の2が水である。水が電離を受ければ活性酸素（フリーラジカル）となり、被曝は活性酸素症候群を生成する[51]。ＩＣＲＰは活性酸素症候群を除外しており、かつ電離対象をＤＮＡだけに限定する（既述、§1）。

　これらがＩＣＲＰの何桁に及ぶ被害の過小評価を導いているのである。

第4節　年齢調整死亡率及び粗死亡率

▶ 年齢調整死亡率も 2011 年で突然増加

　粗死亡率は、年齢構成として老齢層が年々相対的に増加することを反映して、年々増加する。図 5 〜図 10 に示したが、年齢ごとの死亡率と年齢調整死亡率は年々減少している。ちなみに 65 歳以上の老齢者数は調査年限通じてほぼ直線的に増加しており、2011 年での突然変化はない。

　図 14 に年齢調整死亡率とその男女比（女／男）の年次依存を示す。

　年齢調整総死亡率は男女ともに 2011 年で突然上昇し、2012 年以降も、値は少し減少するけれど、2010 年以前からの予想直線より増加している傾向を保ち、予想直線には戻らない。女子の方が死亡率異常増加幅は大きい。

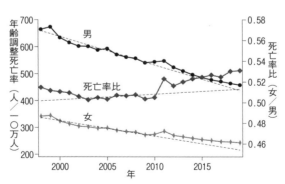

図14　年齢調整総死亡率（左軸）と年齢調整死亡率男女比（女／男）（右軸）

§7. 事故以来 9 年間で何と 63 万人の異常過剰死亡と 57 万人の異常死亡減少

▶ **死亡率の男女比は 2011 年以降女子死亡率の増加が高い**

　死亡率の男女比は、女子の死亡率が男子の約半分である。
2011 年で突然増加し、2011 年以降相対的に女子の異常死亡
率が大きくなることを示している。2011 年以降女子が男子
より敏感に作用される死亡原因が追加されていることが年齢
調整死亡率でも示唆される。

▶ **震災だけなら死亡者は当該年度だけ増加**

　関東大震災や阪神淡路大震災の死亡者増は単年度だけであ
り、翌年には尾を引いていない。東北地方大震災後の記録と
しては、上述のように継続して死亡率が上昇していることが
特徴である。原因としては放射線被曝の効果を真っ先に考え
るべきである。

　図 15 には粗死亡率の経年変化を示す。

　1998 〜 2017 年の死亡率の推移。全国、福島県、南相馬市
（2010 年〜）。福島県の死亡率の 2011 年以降の異常増加は全
国を上回る。2010 年以前の死亡率は福島県が全国の 1.2 倍ほ
どであるが、2011 年以降の基盤線に対する相対的増加率は
全国の 1.6 倍ほどである。南相馬市は、地震・津波による死
亡者が際立って多く 2011 年の死亡率が高い。地震直後市民
のおよそ 80％近くが避難し、2014 年までにはほとんどの避
難者が帰還したという。2015 年以降、さらに異常な高死亡
率を記録する [38②、③]。福島県について 2011 年の突出的死亡
増を検討すると、地震津波死 1,607 人、行方不明 207 人とさ
れている（警視庁資料）ところ、福島県の上記異常増加死者
数は 4,016 人と計算され、この年だけで地震津波関連死のお
よそ 2.5 倍の死亡者異常増加が浮かび上がる。

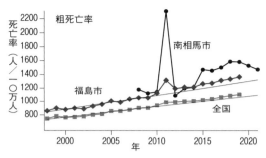

図15 全国、福島県、南相馬市の粗死亡率の経年変化

　全国では地震津波死 15,899 名、行方不明 2,528 名（警視庁資料）合計 18,427 名とされるが、2011 年単年度の死亡者の異常増加は 62,077 人（警視庁資料比 3.4 倍）で、地震津波関連死の合計より 43,650 人多い。この年だけでも被曝関連と推察される死亡者が多数出ている。

第5節　多数の死亡分類で 2011 年以降死亡率増加

　年齢調整死亡率で死亡率増加が認められた疾病には次のようなものがある[38]。

（2011 年以降）死亡総数、悪性腫瘍、心疾患（除高血圧）、脳血管疾患、老衰、喘息
（2013 年以降）腎不全
（2014 年以降）結核、交通事故
（2017 年以降）肝疾患、気管支炎、肺気腫、高血圧

逆に死亡率の減少した疾患もある。

（2016 年以降）肺炎

▶ 死亡数は男子が多く、異常増加数は女子が高い

年齢調整死亡率と粗死亡率で示されたように男子の死亡数が女子より多い。しかしながら、2011 年以降の死亡の異常増加の相対的割合は女子の方が高い。

▶ 粗死亡率からの死亡者の異常増加推定数との比較

以前、2011 年から 2017 年までの 7 年間の死亡者異常増加分を粗死亡率から算出したことがある（『放射線被曝の隠蔽と科学』表 8 [49]）。その場合、2010 年以前の死亡数の直線近似が成り立つと見なせる区間が 1988 年〜2010 年までの 22 年間ある。2011 年以降の 7 年間の死亡数の異常増加を直線近似モデルで算出する上で少なくとも基盤領域（直線近似領域）は算出目的領域の 2 倍程度は必要であることを考慮して合計 20 年間での前半 13 年間（1998〜2010）を基盤線として後半 7 年間（2011〜2017）を異常増加算定区間として比較した。その結果 27 万人の死亡者の異常増加があると判定した。

しかしながら直線近似区間をより具体的に調べると 1988 年〜2004 年まで非常に良い直線近似が当てはまる期間に比べて 2005 年〜2010 年の平均勾配は 25％増えている。2005 年〜2010 年を基盤線として死亡者の異常増加を計算した場合、異常増加数は 8.5 万人程度に推定値が減少する。

性別年齢別死亡率は、母数が相対的に少ないことから直線近似が当てはまる期間が短く、特にお年寄りの 60 歳以上の直線近似区間がおよそ 2004 年以降しか当てはまらないもの

だった。従って見かけの死亡者の異常増加が7万人と算出した数値が、粗死亡率から算出した27万人と食違うのは、直線近似を行う基盤区間が13年間であるか性別年齢別では特に老人層で6年間程度と短かったかの相違による。

6節　原因別死亡数（老衰、精神神経系および個別障害）

老衰死とは、加齢に伴う心身の衰弱によって、病気や外傷などの直接的な死因がなく自然に亡くなることを指す。厚生労働省の「死亡診断書記入マニュアル」では、高齢者で他に記載すべき死亡原因がない場合に「老衰」と診断するとされている。図16に老衰の年齢調整死亡率と、図17にその男女比、図18にはいくつかの都県の老衰による死亡数を示す。

図14で示された年齢調整死亡率が男子の方が多かったのに対し、図16に示す老衰の年齢調整死亡率は女子の方が多い。全ての年齢別死亡率と全死亡年齢調整死亡率の経年変化が減少しているのに対し、老衰による年令調整死亡率は2004年頃までは減少し、2007年以降は増加している。なお、

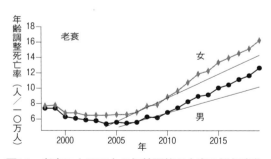

図16　老衰による死亡の年齢調整死亡率の経年変化

図16の直線は2006年〜2010年を直線化したもの。

　老衰の年齢調整死亡率は2008年当たりから増加し始める。しかし、図17の老衰の年齢調整死亡率の男女比は、2010年以前はほぼ直線的に増加しているが、2011年で突然その直線から離れて勾配を減少させる（女性の死亡率の異常増加部分が男性に対して相対的に減少する：死亡率は女性が高いが、死亡者

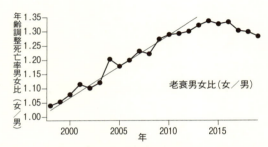

図17　老衰による年齢調整死亡率の男女比（女／男）

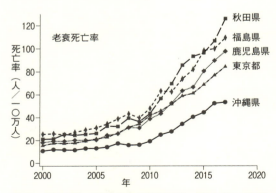

図18　秋田県、福島県、鹿児島県、東京都、沖縄県における老衰死亡率の年次依存

の異常増加率は男性の方が高い）。お年寄りの死亡数は 2010 年から異常増加するが、男女比の変化は 2011 年以降で異常を示す。これから、2011 年以前と以降で比較すべき合理的理由が生まれる。図 16 では短い期間だが 2010 年以前のトレンドを直線近似した。その直線からは 2011 年以降急増を示す。

　図 18 は 5 都県の老衰死亡率である。自治体により老衰死亡率は随分異なる。いずれの都県でも 2011 年以降はそれ以前（2009 年以前：2010 年は熱暑および寒冷の死亡率が大きく関与するから除外）のトレンドから死亡率が急増する。秋田県が福島県を追い抜いて 2016 年以降高くなるが、内部被曝の影響が秋田県の方が大きくなっている可能性があると推察する。それは放射能対策を県として行ったのは福島県のみであること。カリウムを多く与え、セシウムの吸収を低くする等の米作対策の徹底が他府県と異なる。福島の多くの農家が米作請負業者からはお金で収穫代をもらい安全な他県作の米を食米として買う（米作請負業者および複数の友人からの情報）。「オレは喰わねーけれども全部売り切った」『大地を受け継ぐ[40]』主人公の弁等々、県の対処策、それぞれの市民としての対策が福島県内では内部被曝を軽減することとなった可能性が指摘できる。主要な原因は外部被曝ではなく内部被曝と考える。

　さらに、例えば沖縄県では老衰死亡率の年次依存の平均勾配が 2009 年以前の 19.7 倍となっている。即ち 1 年当たりの老衰死亡数が約 20 倍となっているのである。ちなみに沖縄県と福島県は「うつくしま・ちゅらしま交流協定」を結んでおり、2012 年における福島県産米沖縄移入が多量にあったことで沖縄県民の内部被曝は大きいと考えられる。

　チェルノブイリでは居住してはならない汚染地域に、震災

§7.　事故以来 9 年間で何と 63 万人の異常過剰死亡と 57 万人の異常死亡減少　113

以降の日本では百数十万人の市民が生活し食料を生産して、それを全国で「食べて応援」した結果がこのような 2011 年を境界とした死亡の異常が発生する原因となっている怖れがある。

▶ 脳機能障害の多いことの一般論

老衰と共に、放射線の脳機能への打撃は大きい（図 19～図 20）。その根拠は：

①心臓とともに血液が一番集中する臓器であること。内部被曝の場合、水溶性放射性物質と微小な不溶性放射性微粒子は血液・リンパ液に乗って全身を循環することとなるが、血液が集中する心臓や脳に対する被曝が大きい。

②脳と心臓組織は新陳代謝が非常に少ないと言われているが、心臓や脳神経組織に電離・分子切断が生じると蓄積効果となって現れる。新陳代謝があると損傷を受けた細胞が新しい細胞と入れ替わり、電離の影響は緩和される。

③腸内優勢細菌バクテロイデスとアルツハイマー・認知症などの相関が確認されている[53]。健全な人にはバクテロイデスが多く、アルツハイマー／認知症患者は少ないのである。これらはアルツハイマー、認知症、老衰の死亡増加と関連するであろう。

「お年寄りは放射能に影響されない」などの俗論があるが、

放射能の影響をがんに限定した被曝被害矮小論である。お年寄りはバランスを崩すと免疫力が回復しにくく、脆い特徴があり、逆に放射線被曝に一番影響される年齢層ではないかと危惧される。

　放射線により水が電離され、活性酸素の産生により「酸化ストレス」がもたらされると、被曝は総合的に体力や免疫力を弱める。免疫力が乏しい方に対しては多大な死亡率増加などが予想される。しかしＩＣＲＰ体系では完全に無視される。

　予想どおり、2011年以降の死亡率急増が確認された。この急増の原因に何が関与するかは確定してはいないが、主として内部被曝による放射線被曝が関与する可能性を否定することはできない。

▶ **2011年以降の異常な増加が特に多い死亡原因** [38][3] **等。**
　　①死亡（全死亡者、周産期死亡、乳児死亡、幼児死亡）
　　②死因別死亡（老衰、アルツハイマー、認知症、精神・
　　　神経系疾患、急性心筋梗塞、等々）
　　③死産（自然死産、人工死産）
　　④奇形（先天性心奇形、先天性停留精巣）
　　⑤特別支援学級児童生徒数、学生の精神疾患、精神
　　　疾患患者数、難病総数等々
　　⑥運転中の運転中止・事故（数年遅れで激増）

　図19に沖縄県、福島県、秋田県のアルツハイマー死亡率を示す。2011年からいずれも急増している。他の多くの県も同様な傾向を示す。県別の傾向については老衰と同様な考察が可能である。

§7.　事故以来9年間で何と63万人の異常過剰死亡と57万人の異常死亡減少　115

図20に見るように認知症の死亡率は、沖縄県は2013年、福島県は2011年、秋田県は2015年から急増する。沖縄における2011年以降のアルツハイマーの死亡率を2010年以前のそれと比較すると27.7倍の死亡率増加である。

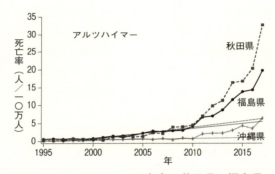

図19　アルツハイマー死亡率—秋田県、福島県、及び沖縄県

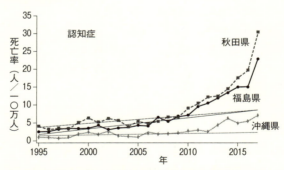

図20　認知症死亡率　秋田県、福島県及び沖縄県

§8 死亡以外の健康被害

図21は難病の登録された人数の変化である[54]。2009年以来指定難病数は変わっていない。2010年までは直線的に増加している。2011年で急増して2010年以前からの予想値から、約40,900も増加している。その急増率は5.6％である。また、2011年以降の年増加率（勾配）も高くなっている。変化傾向は2010年以前の直線的変化から値も勾配も突然上昇する。ここでは難病のみを提示するが、多くの疾病患者数、病院の外来／入院患者数が2011年以降増加している[27]。

死亡に至らない健康不良、新生児の先天的奇形、児童・学童の健康状態など多数の報告がある[55, 56, 57〜62]。

図22は白内障が2011年以降急増していることを示す[63]。緑内障患者数も増加している[63]。沖縄県に福島原発事故

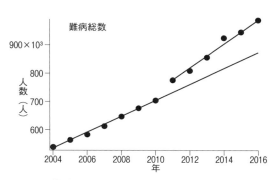

図21　難病登録数の年次変化

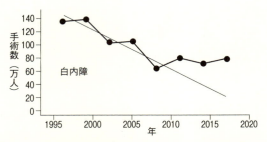

図22 白内障の患者数　厚労省「平成29年度患者調査」

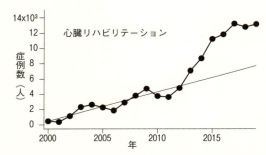

図23　心臓リハビリテーションの症例数（順天堂大学病院）[64]

後避難してきた方々に対して、「つなごう命の会」が2015年に実施したアンケート[19]によれば、事故後生じた健康トラブルのうち一番多かったのが、目のトラブルである。チェルノブイリ原発事故の際にも多数の白内障等の報告がある[3]。白内障は原爆の被曝認定疾患としても登録されている[76]。また活性酸素症候群としてもカウントされている[51]。

　図23はリハビリテーションの症例数である。2012年以降急増している[64]。心臓は脳組織と共に新陳代謝の少ない臓

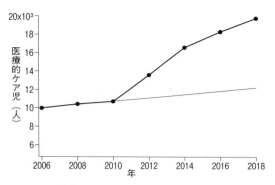

図24 医療的ケア児（厚労省）

器として知られるが、被曝による電離損傷も蓄積されリスクが懸念される。心臓への放射線影響は、白内障と同様に原爆関連疾病やチェルノブイリ疾患として記録される[3, 51, 76]。脳神経関係で、図19にアルツハイマー、図20に認知症の死亡率の2011年以降の急増を示したが、子どもたちへの影響が懸念される。

ウクライナ国家報告書によると、「チェルノブイリ事故（1986年）後の動態調査では健康な子どもの比率は1992年の24.1％から2008年には5.8％に減少し、慢性疾患のある子どもの数は1992年の21.1％から2008年の78.2％に増加した[3]」（p.162）。下記に示す子どもたちに現れた精神的影響あるいは肉体的異変は氷山の一角であろう。

図24は医療的ケア児数である[65]。2年おきのデータであるが2012年以降急増している。医療的ケア児の対象疾病のほとんどは活性酸素症候群にカウントされている[51]。**図25**は福島県における特別支援学童数である[62]。

§8. 死亡以外の健康被害

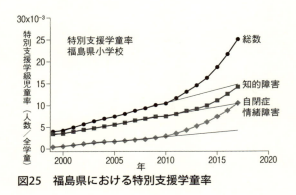

図25　福島県における特別支援学童率

　福島県における特別支援学級の児童数に関しては、全児童数は減少傾向が一貫しているのに対し、特別支援学級児童数は増加傾向が一貫している[62]。特に2011年以降が急増していて、原発事故と時間相関する。また、福島県における特別支援児童の知的障害、自閉症・情緒障害及び総数の全児童に対する割合は、2010年以前は直線的増加を示しているが、2011年以降急増を示している[62]。他の多くの都道府県で同様な傾向を示し、子どもの健康への放射線被曝あるいは社会的環境変化の影響が懸念される。

　図26は平均寿命の経年変化である。平均寿命は0歳での平均余命。性別年齢別死亡率を用いて算出される。女性の方がおよそ7歳ほど男性を上回る。男性の平均寿命の減少は2011年単年度と言えるのに対し、女性は2011年以降ずっと異常減少を継続している。図14の年齢調整死亡率で、2011年以降の女性の死亡率異常増加が男性よりも上回っていることと関連する。老衰年齢調整死亡率の男女比が1より大であること、表5の2011年以降の死亡率男女比で、女性が45歳

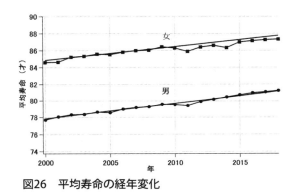

図26 平均寿命の経年変化

以上の全年齢で男性を上回っている（例外 70 ～ 74 歳）ことと関連があり得る。

§9 チェルノブイリと日本の比較

　事故への対応姿勢としてチェルノブイリと日本の差は歴然としている。あたかも「日本人は放射線被曝に関しては人権を持たない」の体である。背後には言うまでもなく国際原子力ロビーの「古典的対応はもはや行わない」の棄民策が展開されたことがある。チェルノブイリと日本の諸事項の比較を次頁以下の**表6**に示す。

表6　チェルノブイリと日本の事故関連事項の比較 [38]

事項	チェルノブイリ事故
事故発生年	1986 年
事故前の状況	ＩＣＲＰ 1985 年勧告（国際的防護基準となる） 　公衆の放射線防護 　　　1 mSv／年 旧ソ連邦 核施設に対する安全論が強い 地元医師・専門家・政治家 住民を護る姿勢が強い
爆発・汚染の状況	①　核分裂爆発 　　噴出高度：上空 6,000m まで ②　Cs137：Cs134 の比率 　　2：1 ③　ヨウ素　　1,800PBq 　　Cs137　　　85PBq ④　放射能放出の適切なバロメーターとなる希ガス：キセノン： 　　6,200PBq（ストールら） 　　6,500PBq（保安院） 　　（PBq は 10^{15}Bq）

東電事故
2011 年

日本の法律
　公衆防護基準　法律に明記なし。しかし実体法として厳然として存在した
　　①周辺監視区域外等関連規制は全て「公衆防護：1 mSv／年」を基準
　　②関連国際条約に対する日本政府報告は全て「公衆防護：1 mSv／年」を明記（国際条約は国内法に優先する）

国際原子力ロビー
　被曝から「防護する」を事実上「防護せず」に大転換
　　①ＩＡＥＡ 1996　根本的防護方針を逆転：「被曝を軽減してきた古典的放射線防護は複雑な社会的問題を解決するためには不十分である。住民が永久的に汚染された地域に住み続けることを前提に、心理学的な状況にも責任を持つ、新しい枠組みを作り上げねばならない」
　　②ＩＣＲＰ 2007 年勧告　従来の「計画被ばく状況」に加えて「緊急時被ばく状況」と「現存被ばく状況」と追加。「事故が起きたら100mSv／年まで OK」

原発に関する徹底した「安全神話」

①　水素爆発が主 　　数十 m〜100 m までの噴出高度
②　Cs137：Cs134 の比率 　　1：1
③　ヨウ素　130〜150PBq 　　Cs137　　6.1〜12PBq 　　政府はチェルノブイリの 7 分の 1 という 　　日本の測定は地上に偏り海上を過小評価している。海水中に流失するのは算定に入れていない
④　放射能放出の適切なバロメーターとなる希ガス：キセノン 　　15,300PBq（ストールら）（チェルノブイリの 2.5 倍） 　　11,000PBq（保安院）（チェルノブイリの 1.7 倍）
⑤　客観的には東電の方が 2 倍近くの放射能噴出ではないか

法律的対応	チェルノブイリ法 　事故後５年で成立 　地元医師・専門家・政治家が中央政府と対決して成立 ①　基本的人権を明記 ②　あらゆる分野（被曝防護と社会的人権的保障）の具体的対応に国力挙げて取り組むことを明記 ③　線量当量として土地汚染から来る空間線量の３分の２を内部被曝として加算
メルトダウンした炉心処理	石棺（７カ月後） ①　廃炉と生態学的な安全を掲げる 　　放射能を外部に漏らさないことを第一とする ②　石棺のカバー（2007）
実態的に被曝軽減を目指す対策指針	チェルノブイリ法（1991） ①　監視強化区域　　〜 　　0.5mSv／年 ②　移住権利汚染ゾーン 　　１mSv／年以上（内部被曝含む）

政府の対応
① 民主党政府は国民との約束事項である防護基準 1mSv ／年を適用しなかった。原子力災害特措法にも従わなかった
② 民主党と自公政権は長期にわたって 34mSv ／年（チェルノブイリ法対応：外部被曝のみで 20mSv ／年）を適用
③ 20mSv ／年の基準適用時には正規のステップ（法的対応手順）を全く取らなかった。いきなり文科省の「通達」で出した。
④ 民主党政権は特措法に定められた「原災対策本部」を機能化させず、「現地対策本部」、「原災合同対策協議会」を組織せず、代わりに法の裏付けのない私的な組織、「内閣府原子力被災者生活支援チーム」、「福島原子力発電所事故対策統合本部」を立ち上げ、法定の施策も手順も無視した。特に立地町は「安全神話」で欺され、避難訓練で試され済みの「協議会」も組織されず、事故対策面でも欺し打ちに合ったことは、事故後の異常対応を象徴する

子ども被災者支援法
① 基本的人権明示なし
② 汚染量・区域　明示なし
③ 対応策　一切明示なし
④ 全て内閣の指針に任せる
⑤ 安倍内閣によって一切反故と化す

廃炉
　環境中へ放射能を拡散し続ける（生物への被曝と環境に対する汚染防止の地球的責任を放棄）
① 13 年後の今も高線量のためロボットさえも破壊され、デブリの現状確認することすら出来ず、1 g のデブリも取り出せていない（全量〜 880 トン）
② 空中に放射能が流出し続ける
③ 冷却水・地下水により海水中に流出し続ける
④ 凍土壁は設置されたが不十分、一部の流出水はアルプスで処理されるが不十分
⑤ 2023 年 8 月から汚染水が海洋放棄され始めた

① 20mSv ／年規制（外部被曝のみ：チェルノブイリ法で表示すると何と 34mSv ／年）で規制
② 実質的な法律「公衆は 1 mSv ／年」を適用しなかった
③ 5 年後（チェルノブイリ法が成立した時点）には避難地域解除を始める
④ モニタリングポストの表示は実際の約半分しかない（矢ヶ﨑ら約 300 基測定）

§9. チェルノブイリと日本の比較　127

	③　強制移住汚染ゾーン 　　5 mSv／年以上（内部被曝含む）
避難者	①　自主避難も強制避難も全く対等 ②　法的対策は生命と健康が第一 　　国家は安全に生活や労働できることに全責任 ③　社会保障、損害の完全な保障 ④　優遇税制措置、生活改善の経済手法措置 ⑤　職業再教育、職業訓練 ⑥　中央官庁と被災者の協力と対話
医師・専門家の 対応	地元の政治家／医師／専門家が住民の被曝防護・人権保護で頑張る ①　ソ連（当時）中央政府の「5 mSv／年以上」の規制案に対して「1 mSv／年以上」を主張 ②　「1 mSv／年以上」で規制を始めるチェルノブイリ法を勝ち取る ③　基本的人権保護と生態学的安全を基本観点に対応 ④　原子力ロビーと地元科学者・専門家との間で健康被害の見方が完全に二極化した
医療報告 事実を見る目が 極端に二極化	地元の医師専門家 ①　スラブ語等での報告は5000報告以上 ②　「チェルノブイリ被害の全貌」で基礎データとしたのが1000報告 ③　ウクライナ国家報告等、国が誠実に被害を報告 ④　非常に多面的な健康被害を網羅 国際原子力ロビー（事実を見る目が完全に二極化） ①　「健康被害は一切なかった」、「放射線被曝を受けたのでないか？」という精神的ストレスが大問題（放影研：重松逸造） ②　放射線量の記述がない報告は一切無視

⑤ 市民被曝防護のための国際的法律的汚染除去基準を恣意的に緩和（特措法、「放射性物質汚染廃棄物」の制限（100 ⇒ 8000Bq／kg）、原子力災害対策指針（OIL4）、SPEEDI不開示。（チェルノブイリ法の逆精神）

① 自主避難と強制避難で全く異なる対応
② 自主避難者
〈1〉2018年度以降公的には何の対応支援なし（沖縄県を除く。民医連等も「無料低額医療」、避難者健診を実施）
〈2〉目立った社会的対応現象：「絆」を断ち切り居住者を裏切る卑怯者
③ 強制避難者への手当
1人あたり10万円
住宅供与

① 「直ちには健康被害が出ません」（枝野官房長官）。被害の程度の軽視を導いた。
② 「100Bq／kg以下は安全」「風評被害払拭」（政府、原子力ムラ）
③ 「笑っていれば放射能は通り過ぎます」（山下俊一）
④ 甲状腺学会通達：「セカンドオピニオンの実施を拒否せよ」（甲状腺学会会長：山下俊一）
⑤ 全国で子どもや大人の健康異変で「放射線被曝では？」と懸念すると応接医が「何を言うんだ‼」と恫喝し「お母さんがそんな心配をするものだから子どもさんが元気を失うのだ！」と説教する報告が多数相次ぐ
⑥ 健康異変の事実に注目し対応する医師は極少だった
⑦ 二極化の現象は小規模だった。疾病と被曝の因果関係を主張する専門家はごく少数だった。

地元の医師専門家
① ＩＣＲＰの教えに従って、一切の健康被害は放射線被曝に関係ないと処理する
② 現場医師から出される医療報告は極小——おそらく数報告〜数十報告に留まる
③ 政府及び国際原子力ロビーに追随する——日本では二極化は、一極があまりにも大きすぎた。（二極化は厳然として生じたが、圧倒的に国際原子力ロビーが政府及び国際対応を独占した）

国際原子力ロビー・原子力ムラ・日本政府＋医師・専門家集団
① 東電事故による死者は皆無
② 小児甲状腺がんさえも「東電事故とは関係ない」とする

§9. チェルノブイリと日本の比較 129

	③ 事故被害として、小児甲状腺がんのみを健康被害と認める
強制避難区域 5 mSv／年以上 の汚染区域	① チェルノブイリ法どおり居住者なし（もちろん生産者なし）
事故後の死亡者	公式見解（チェルノブイリフォーラム 2006） ① 死者 9000 人 　チェルノブイリ被害の全貌 ② （2004 年まで） 　死者 105 万 1500 人

〈1〉 政府は甲状腺被曝線量測定を事実上しなかった。きちんとした科学的方法に適う測定なし。便宜的測定でもたった 1080 人に実施のみ（福島県内だけでも対象者 37 万人）
〈2〉 UNSCEAR は甲状腺被曝線量を 50 分の 1 ～ 100 分の 1 に過小評価（「事故とは関係ない」への国際的お墨付き）
〈3〉 福島県健康調査検討委員会は調査市町村を 4 区分して調査から調査に至る観察期間を混合することによって「事故と関係なし」と強引に結論

① 5 mSv／年～34 mSv／年（日本の外部被曝 20 mSv）までの汚染区間に居住し生産する人口は約 120 万人
② 農民は作付けしなければ補助もなかった。「生産しなければ食えなかった」「売らなかったら食えなかった」
③ 汚染地域で生産されたものは全国で消費された。全国に二次被害としての内部被曝が進行した
④ 「100Bq／kg 以下は安全」、「食べて応援」、「風評被害払拭」、政府・民間上げての大合唱。
⑤ 全国で深刻な内部被曝。⇒ 9 年間で死亡者の異常増加だけで 63 万人（死亡者の異常減少が 57 万人：見かけ上は 7 万人）
⑥ 見かけ上の 7 万人だけでも実に多い死亡者の異常増加⇒専門家・専門機関は調査すらせず一切無視

政府・原子力ムラ
① 事故による死者はゼロ

現実のデータ
② 厚労省「人口動態調査」（矢ヶ﨑克馬、小柴信子分析）
〈1〉 粗死亡率　2010 年以前の傾向に比し 2011 年以降死亡率の異常増加（全国、都道府県、南相馬市）
原発事故と時間相関あり
〈2〉 年齢調整死亡率　2010 年以前の傾向に比し 2011 年以降死亡率の異常増加
原発事故と時間相関あり
〈3〉 男女別年齢別死亡率
＊2011 年以降の死亡率の異常増加数は 9 年間で 63 万人（主として 19 歳以下と 60 歳以上）
＊2011 年以降の死亡率の異常減少（主として 20 歳～59 歳）
＊死亡者の異常減少という現象も長期的に見れば短命化が予測される

§9. チェルノブイリと日本の比較　131

132

＊何と合計120万に及ぶ住民が事故の影響を受けて死亡に繋がっ
　　　ている
② 日本では全てが原子力ロビーと原子力ムラによって隠蔽されようと
　している（自己認識として原子力ロビーと自認しない医師・専門家がこ
　れを支えている。市民はこれを受け入れている）
③ チェルノブイリの死亡率・死亡者に比して桁違いに多い過剰死亡数
④ このほか、児童・生徒の要医療児、特別学級児童、精神障害児童、
　いじめ等が激増
⑤ 病院患者数も2011年を境に激増
⑥ 何故日本でこの様な死亡者の異常増加が国民的課題とならないの
　か？　考えてみよう

§9. チェルノブイリと日本の比較　133

§10 | 内部被曝を無視した被爆者援護法の基準は巨大な差別を生んだ
——内部被曝無視を誘導した科学を批判する——

1945 年　原爆が広島・長崎に投下された。

1947 年　原爆傷害調査委員会（ＡＢＣＣ）の開設。

1950 年　ＩＣＲＰが発足した。

　　　　　被爆者寿命調査開始。

1957 年　原爆医療法が制定された。

1975 年　ＡＢＣＣが放影研に移行。

1987 年　広島・長崎における日米合同原爆線量再評価に関する最終報告書（DS86）発表。

1994 年　被爆者援護法が制定さる。

　ＩＣＲＰが発足する前から、原爆被曝現場から内部被曝が隠蔽されてきた[68、69、74]。内部被曝を見えなくするＩＣＲＰの「科学以前の体系」は米核戦略上の「知られざる核戦争」なのだ。ＩＣＲＰがこだわってきた「内部被曝の隠蔽」は、DS86 における放射性降下物の測定を装った切り捨て[74]と相まって、日本の被爆者対応施策が「内部被曝」排除であることのつじつま合わせの性格を免れない。

　ＩＣＲＰ発足と同時に開始された被爆者寿命調査では、被爆者の定義は原爆医療法（1957）と同様であり、２km以上離れた市民を「非被爆者」とした。ここでは、アメリカの合同調査委員会が、急性症状を脱毛、紫斑、口内炎のみに限定し、

初期放射線（外部被曝）の影響範囲を 2 km と設定したのと同じである [11, 70]。

　原爆医療法、被爆者援護法 [71] 共に、放射線被曝を初期放射線の外部被曝に限定して、内部被曝を無視して線引きがなされた。これは現実の原爆被災者の被曝状況とは掛け離れたものであり、以降、原爆被災者同士を差別する援護施策が設定され、差別と苦しみの歴史が展開された [72]。

　内部被曝無視を合理化するために自然科学である物理学、熱力学、気象学等が動員されていたことを「科学の恥辱」であると思う [73, 74]。

　ここでは、①原爆被災者差別の援護施策を概括し、②火球に存在した放射能が広域に運ばれて、半径 15km 程度までの放射能空間を形成したことの物理的メカニズムを述べ、内部被曝を法律自体に取り込むべきだった真実を明らかにする。

第1節　米核戦略による内部被曝隠蔽と被爆者援護法

▶ 米核戦略による内部被曝隠蔽

　1945 年 9 月 10 日トリニティー（世界初の原爆実験）の現場見学会でオッペンハイマー（マンハッタン計画科学主導者）はこう言った。「爆発高度は『地面の放射能汚染により間接的な化学戦争とならないよう』、また通常爆発と同じ被害しかでないよう、念入りに計算されています」[68]。要するに地上 600 m で爆発させた場合、放射性微粒子は自然風に乗って流されるので、爆心地付近には放射能はなく、風下地帯だけが放射能汚染される、火球は上昇してジェット気流に乗り全世界に運ばれる、というのだ。これはいわゆる砂漠モデル※と

言われ、風下以外の広域では放射能被害が出るはずがないという論理だ。

　　※砂漠モデル　火球は放射性微粒子の集合体であった。放射性微粒子が水と合体せずにいると質量がもの凄く軽いので重力で毎秒1mm程度しか落下しない状態となる（ストークスの法則）。1m落下するのに1000秒程度かかる。その間に毎秒1mの自然風（横風）が吹いているとその微粒子は1m落下する間に1000m風下方向に流される。地上600mで原子爆弾は炸裂し、火球はどんどん上昇するので、微粒子の落下地点は爆心地より風下方向に随分遠くであり、爆心地，風上、横方向には放射能がないことになる。大瀧雨域・増田雨域、マンハッタン調査団測定結果等の放射能を否定する。

　グローブス准将（マンハッタン計画指揮者）により広島長崎に派遣されたマンハッタンのウォーレン医師調査団の一員コリンズはこう語っている：「自分たちはグローブス准将の首席補佐官ファーレルから、『原子爆弾の放射能が残っていないと証明するよう』言いつかっていた。多分調査団は被爆地に行く必要さえなかった。というのも一行が日本派遣の指令を待っていた頃『スターズアンドストライプス（星条旗新聞）』に我々の調査結果が載ったよ」[68]。いくつかの調査団が米国により派遣されているが、放射能残留汚染を事実に即して科学的に明らかにするという目的意識ではなく、政治的に「放射能が残っていない」ことを示す目的であったことが如実に

　　§10.　内部被曝を無視した被爆者援護法の基準は巨大な差別を生んだ　137

語られている。

▶ 内部被曝が排除された被爆者援護法
　米国の核戦略に従っての放射線被曝被害の隠蔽、特に放射性降下物・内部被曝隠蔽（知られざる核戦争）はそのまま日本の「被爆者医療法・被爆者援護法」に持ち込まれ、今日にまで至っている[11②、74]。

　具体的には「原子爆弾被爆者に対する援護に関する法律」[71] の前文には「原子爆弾の放射能に起因する健康被害に苦しむ被爆者の健康の保持及び増進並びに福祉を図るため」として、放射線被曝に起因する健康被害と明記されている。放射線被曝は外部被曝に加えて、放射性降下物（放射能の埃）による内部被曝がある。しかし、日本の法律から内部被曝は排除されている。

▶ 1号被爆者および2号被爆者の区域的制限には「初期放射線」による外部被曝のみが根拠とされ、内部被曝が排除されている
　被爆者の認定項目は4つのカテゴリーで整理され、次のようなものである。

　　(1)直接被爆者　初期放射線（連鎖反応の進んだ爆央から注がれるγ線および中性子線）の影響範囲で半径2km（当初）。内部被曝は無視されている。内部被曝を入れると半径15kmほどの広域の低空に広がる水平円形原子雲が移動した領域を指定地域とすべきである。
　　(2)入市被爆者　半径2kmの地域に2週間以内に立ち

入った者。(1)と同じく内部被曝が排除されている。
内部被曝を入れると半径15kmほどの広域の円が
移動した領域が指定されるべきだ。
(3)原子爆弾が投下された際、またはその後において、
身体に原子爆弾の放射能の影響を受けるような事
情の下にあった者：救護、死体処理にあたった者等。
(4)胎内被爆者

(1)および(2)号被爆者の被曝範囲は初期放射線の直接外部被
曝（および中性子放射化による残留放射能）の範囲に限られる。
　この内部被曝排除は事実に基づいて為されたものではない。
内部被曝排除は米軍核戦略による情報操作（「知られざる核戦
争」）によるもので [68、69]、歴史的に膨大な不当差別者・犠牲
者を生み出した。と同時に、事実と基本的人権に基づく巨大
なたたかいを生んだ。

▶ 原爆被災者は内部被曝被害に苦しむ──行政は内部被曝排除に固執

　被爆被害者は内部被曝による健康被害に苦しめられてきた。
その被爆被害者（市民）の健康被害を無視できない実情が明
らかにされ、原爆症認定集団訴訟等により現実を反映した被
爆者支援施策を求める訴訟が相次いだ。しかし行政は「内部
被曝はない」という哲学を保持したまま、①被爆者、②第一
種健康診断特例者、③第二種健康診断特例者の３種の差別体
系を作り [72] 内部被曝無視の制度化を図った。
　「内部被曝はない」ことを前提に現場対処だけを行ったた
めに、差別制度としての被爆者支援策にならざるを得なかっ

§10. 内部被曝を無視した被爆者援護法の基準は巨大な差別を生んだ　139

た。行政は市民の実情を考慮せざるを得なかったが、米国核戦略に逆らって哲学を変えることまでは出来なかった。

原爆症認定集団訴訟後、地域指定の爆心地からの距離などが見直されたのみで、その「内部被曝無視」の枠組みは今日に至っても変更されていない[72]。

▶ 黒い雨広島高裁判決は完ぺきに内部被曝を認める――厚労省は逆らい続ける

「黒い雨」の広島地裁判決の精神はあくまでも今までの「内部被曝排除」の範疇に入るものであったが、人道に貫かれる判決であった。しかし、広島高等裁判所の判決[75]（最終判決）は、「内部被曝排除」を否定し、内部被曝を敢然と認定するものであった。

放射性降下物の広域拡散のメカニズムを認め、内部被曝による健康被害を認めた。水平に広がる円形原子雲が放射能環境を構成したことを「重要な科学的仮設」として認め、内部被曝を認め、哲学面においてもこの枠組みを変更させるものである。歴史的にも「被爆者」を事実（科学）と人権において正当に判断した画期的な判例である。

しかし、広島高裁判決確定後の厚労省による新基準は①要件1：広島の黒い雨にあったこと、②要件2：障害を伴う一定の疾病にかかっていること、としているのである[76]。高裁判決では線引きをせず黒い雨に当たらなくともその放射能環境に居たことを重視している。また、要件2は従来の内部被曝を排除した上での第一種健康診断特例区の条件そのものである。どちらの要件も、内部被曝を排除したままである。

日本政府は形式上この判決を受け入れたにも拘わらず、三

権分立を否定する暴挙と評される「内部被曝を排除した従来の枠組み」を固持していることは、事実と民主主義に対する重大な違反行為と見なさなければならない。さらに黒い雨にしても「広島の」と指定しており[76] 長崎を排除していることは人道的見地からしても許しがたい。

第2節　被爆者援護行政における差別制度

日本政府は被曝被災者を上述のごとく、①被爆者、②第一種特例受診者、③第2種特例受診者（被爆体験者）と差別化した。

　①被爆者は援護法第一条に規定される。

　　（4つのカテゴリー：指定地域での被爆、入市被爆、救護等被爆、胎内被爆）

　②特例受診者は、第一種または第二種健康診断受診者証を交付された者で特例として健康診断を受けることができる。（後述の「特例受診制度」（144頁）参照）

　③第一種特例受診者は11種の認定疾病に罹患していることが判明した場合、原爆手帳が交付される。しかし第二種受診者は交付されない。また、認定される疾患が制限されている。さらに医療手当を受給する際には精神神経科等の通院証を必要とする。

▶ 差別制度の特徴

内部被曝を認めない制度を強行しながら、内部被曝の被害

を受けた原爆被災者の存在を認めざるを得なかった故の差別
が制度化された。

• 内部被曝隠ぺい

　米軍の日本占領以来、原爆維持のための世論操作で放射性
降下物による被曝／「内部被曝」を徹底的に隠ぺいし、拒否
してきた（知られざる核戦争）。「残留被曝はない」としてきた。
自由な原爆調査／研究を拒否し、プレスコードを敷き、科学
的にも情報的にも虚偽の世界を作った[11②、14、68、69、74]。1986
年線量評価方式（DS86）の放射性降下物の被害排除[74]は原
爆医療法の「後追い合理化」。世界に原爆の惨状が伝えられ
たのは、屈辱のサンフランス条約締結後であった。

　「DS86」第6章は内部被曝隠ぺいのために任務付けされた
「後追い〝証明〟」なのだ。用いられたデータは全て大雨・大
洪水をもたらした枕崎台風の後のデータだ[74]。「DS86」総括
では、これを「風雨の影響がないと仮定すると、広島では無
視でき、長崎では少数の被爆者に有意であった」とした。同
時に放影研で当時行われていた「被爆者の内部被曝実態調
査」が打ち切られた[77]。

• 日本政府の追随

　「残留放射能はない」の虚偽認識を日本政府は全面的に受
け入れ、アメリカに追随した。

　　①「被爆者医療法」⇒「被爆者援護法」の被爆地域
　　（法第一条1項、2項）・被爆者定義から「内部被曝」
　　を排除。被爆地域は初期放射線（ガンマ線と中性子

線による外部被曝）のみによる定義。

②国連にも「放射線被曝で苦しむ者は皆無」と報告[82]。
日本政府は国際的にも政治的にも米核戦略に従い、
内部被曝を隠蔽しようとしたのである。

• 被曝現実＝広範囲に及ぶ内部被曝被害

　現実はおよそ全ての原爆被災者が内部被曝による健康被害
を被った。現実を否定することができずに、政府は「内部被
曝」を否定したまま（被爆地域を外部被曝のみに制限したまま）、
対応したのが、被爆者とは一線を画し差別した「健康診断特
例受診者」制度。内部被曝を一切拒否したままの差別制度で
ある。

• 差別された制度

　政府は、内部被曝拒否を戦略的枠組みに留めているものだ
から、内部被曝で健康被害を受けた可能性のある黒い雨と同
心円内被爆者・被爆体験者は、被爆者として認定することは
出来なかった。

　「原爆被爆者対策基本問題懇談会」[78]は内部被曝排除の論
理をそのままにしている。原爆被災者の健康被害の訴えを
「ゆすりたかり」と同等と見なしている。「科学的／合理的判
断」、「公平性」等の発言は内部被曝を認定せず拒否すること
に根拠を置いている。

　事実である原爆被災者の健康被害の訴えを人権として捉え
なかった。「ゆすりたかり」的と見なしながら、「お慈悲によ
り」健康診断特例者制度として対応したのである。

§10. 内部被曝を無視した被爆者援護法の基準は巨大な差別を生んだ　143

▶ 特例受診制度

• 第一種健康診断受診者

　線引き差別がまず「第一種健康診断受診者」制度として現れた。非常に限定された線引きである。

　原爆投下時に、広島では、放射線を帯びた「黒い雨」が降ったとされる法令で定めた区域（宇田強雨域）内にあった者とその胎児、長崎では爆心地からの距離が5kmに懸かる地域指定。

　第一種健康診断受診者証を交付された者は、特定の疾病の状態にあると認められた場合、被爆者健康手帳へ切り替えができる。

　特定の疾患

　　①造血機能障害（再生不良性貧血、鉄欠乏性貧血など）

　　②肝臓機能障害（肝硬変など）

　　③細胞増殖機能障害（悪性新生物、骨髄性白血病など）

　　④内分泌腺機能障害（糖尿病、甲状腺の疾患など）

　　⑤脳血管障害（脳出血、くも膜下出血、脳梗塞など）

　　⑥循環器機能障害（高血圧性心疾患、慢性虚血性心疾患）

　　⑦腎臓機能障害（慢性腎炎、ネフローゼ症候群など）

　　⑧水晶体混濁による視機能障害（白内障）

　　⑨呼吸器機能障害（肺気腫、慢性間質性肺炎など）

　　⑩運動器機能障害（変形性関節症、変形性脊椎症、骨粗鬆症など）

　　⑪潰瘍による消化器機能障害（胃潰瘍、十二指腸潰瘍など）

線引きが現実に合わないから、広島では広範囲な「黒い雨」降雨域の、長崎では「被爆地域見直し」として半径12kmの爆心地中心の円内への適用範囲の拡大が必然的に現れた。

・第二種健康診断受診者（長崎被爆体験者）
　長崎では「第二種健康診断受診者」制度が作られた[79]。制度対象者の要件は「原爆投下時に、長崎の爆心地から12キロメートル以内の法令で定めた区域にあった者とその胎児」が対象者である。長崎被爆体験者と称された。
　特徴は「第一種」と異なり、被爆者健康手帳への切り替え制度はないことと、もう一つ重大な「国家による偏見差別」があることである。
　「医療費給付」について次のような規定がある。

・疾病を精神の病（精神疾患）が原因とされること
　「第二種健康診断受診者証をお持ちのかたで、現在も長崎県内にお住まいのかた（胎児を除く）は、被爆体験による精神的要因に基づく健康影響に関連する特定の精神疾患（これに合併する身体化症状や心身症を含む）が認められる場合、医療費の給付が受けられる制度の対象となります」（長崎市ＨＰ）[79]。

　第二種健診受診者の医療手当資格には「精神神経科あるいは心療内科の受診証明」が必要なのである。被爆体験者の放射線内部被曝による疾病を精神疾患と偏見したのである。
　これは「ハンセン氏病」に対する国による差別が法制化されていたことと同様な、国による偏見差別の法制化である。被爆体験者の放射線内部被曝による疾病を精神疾患と偏見し

§10.　内部被曝を無視した被爆者援護法の基準は巨大な差別を生んだ　145

たのである。

　現実に原爆被災者を襲った「内部被曝」を認めないがために、さらに偏見差別を助長せざるを得なかったのである。

　二重の差別を受けた集団＝旧ハンセン氏病患者と同様な「国家が謝罪すべき不当な偏見」を強制されてきた人々が「長崎被爆体験者」なのである。

　さらに、第二種健康診断受診者（被爆体験者）の治療費支給対象となる疾病群からは「がん」が排除されているため（第一種健康診断受診者に対しては上記11種疾病が適用され、明確にがんが含まれている）、被爆体験者に最も深刻ながんが発生しても医療費支給の対象とならない、という極めて残酷な取り扱いを受ける。精神疾患からはがんは発生しないというのである。

　許し難い偏見による「人道破壊」の差別制度である。

　内部被曝を隠蔽してきた体制がやむを得なく施した制度は本質的に差別を内在させざるを得ない制度であった。それが「被爆者」と「健診特例者：第一種、第二種」の体制なのだ。

　その犠牲者を作り出してきた構造のうち、広島の差別構造は今回の「黒い雨控訴審判決」（最終判決）で破綻した。残りは長崎だ。

　ここで確認したいことは、内部被曝の隠蔽はたまたま被爆者に対して行われたことに限定されるのではなく、国際原子力ロビーの内部被曝隠蔽の「政治的体制」がしかれたことである。それにより日本の被爆者援護施策の内部被曝排除をサポートして、差別を強制し続ける根拠、原発による被曝を見えないものとするＩＣＲＰ体制が展開されたことである。

第3節　長崎被爆体験者訴訟および広島黒い雨訴訟弁論で確認した主たる科学的事実

　原爆投下直後、およそ４kmほどの上空にあった逆転層に円形に広がる水平原子雲が生成した。気象学の経験論とは裏腹に、気団の高さが上昇し空気温度が露点を下回ることなしに、即ち、放射能気団は高さを変えることなしに、猛烈な放射線が水分子を電離することにより、雲を生成し水滴／雨滴を形成し、黒い雨を降らせた[73]。

　水平に広がる円形原子雲こそ、放射能を半径15kmほどに一挙に広げた科学的メカニズムである。

①（低空に広がる水平円形原子雲の存在）水平に広がる円形原子雲の存在が写真などにより確認された。しかし、広島では全く無視されてきた。長崎では存在が確認はされていたが、大気圏と成層圏の境界の圏界面に展開したと理解されてきた。雲が生成した高さは高々４km程度であり、圏界面ではあり得ない。

②（水平原子雲上下で異なる風向き）水平に広がる円形原子雲の下側の風向きと上側の風向きが異なる（広島原子雲）。この事実から円形に展開する雲は逆転層（大気の温度が上空の方が高い）であると判断した。水平原子雲は高々４km程度。

③（中心軸の太さの違い）中心軸の太さは円形原子雲の下側で太く、上側で細い（長崎原子雲）。これは、浮力で上昇するきのこ雲中心軸の外側部分の

§10.　内部被曝を無視した被爆者援護法の基準は巨大な差別を生んだ　147

温度が低いために逆転層を突破することができず、下方から次々と押し上がってくる雲のために水平に押し出されることを示唆する。

④（衝撃波反射波は広く、原子雲頭部全体に作用する）（動画による確認）衝撃波の反射波がトロイド（環状体）を形成する原子雲を作り上げたという説がこれまでの通説となっている。衝撃波が地上にぶつかって反射波となりその反射波が原子雲頭部に達する時間はおよそ３秒である（衝撃波の初速度は約450m／s）。米軍撮影の動画によれば、広島原爆爆発直後原子雲は鉛直方向に真っ直ぐだった。爆発から３秒後にはきのこの傘が横にずれ飛ぶ。長崎の動画では同様な時間帯にきのこの傘下の中心軸が切れる事が確認できる。このことは「原子雲は衝撃波の反射波により構造化された」説を否定する：黒い雨に関する専門家会議[80]（1988年〜1991年）広島県・市設置（以下同じ）、および、Glasstone & Dolan[81] らの誤り（後述）。衝撃波／反射波は広域波面を持ち、きのこ雲の内部を走り抜ける針のように細いものではなく、原子雲頭部全体に動的衝撃を与えたことを示している。この現実にあり得ない似而非科学の描像が火球に留まっていた放射能の拡散メカニズムを封じ込め、内部被曝隠蔽のベールを与えたのである。

▶ **主たる科学的考察**

① （水平に広がる原子雲の生成原因：浮力で理解出

来る）火球であった気塊は高温である故に膨張し
つつ浮力で急上昇する。その運動の故に形成され
た中心軸はやはり高温であり、浮力を持つ。中心
軸は半径方向に温度勾配を持つ。逆転層では上方
の気団の方が気温の高いので、中心軸の外側部分
の温度がそれ以下である場合に、浮力を失い水平
方向に押し出され円形原子雲を生じる。中心軸に
放射能が充満しているために水平に広がる原子雲
は放射能を持つ。従ってこれから降る黒い雨は放
射能を有する（下記③と関連）。

② （浮力が喪失する高度は2つある）原子雲が水平
方向に展開する原因を作る界面は、周囲の温度が
高度と共に下降から上昇に逆転する構造であり、
①逆転層と②圏界面（対流圏と成層圏界面）と2つ
がある。

③ （放射線の電離が水滴／雨滴を形成し、雲を作り
雨を降らせる）水蒸気を含む気団の上昇と共に温
度が下がる。気温が下がると飽和水蒸気圧が下が
る。露点以下の温度になると水蒸気は水滴となり、
雨滴となり、雨を降らす。水分子を包含する気塊
が雲を生じ降雨をもたらすためには気塊が上昇し
その気塊の気温が下がることが必要である。従っ
て雨は厚い雲から降るという通常概念が形成され
ているが、しかしそれは放射線のない環境でのこ
とである。

　水平に広がる円形原子雲が形成された時点で
は、雲の放射能は極めて強く、空間線量率がセシ

ウム 137 の 1000 万倍程度の強い放射能であった
[83]。気塊が放射能を含む場合、放射線は電離を行
い、電離は電荷を生み出すし、放射性微粒子は帯
電する。水分子は直線対称に原子が並んでいない
が故に、電気力により水分子同士に引力が生じる。
水分子は次から次へと凝結（凝縮）し、水滴を作
り雨滴へと成長する。従ってこの水平に広がる円
形原子雲はきのこ雲中心軸に存在した放射能が雲
に移り、強く電離を誘うので、雲として広がる範
囲を放射能空間とし降雨をもたらす。強烈な放射
能を持つ水平に広がる原子雲では雲が厚くなくと
も雨を降らせるのである。

　「薄い雲からは雨は降らない」という気象学的
な経験論が根強く、放射線の電離作用による水滴
生成のメカニズムは長く無視され、そのために水
平に広がる原子雲自体が存在を確認されながらも
無視され続けた。

④（降雨の条件は湿度が高いこと）水平に広がる円
　形原子雲は周囲の湿度が高いと雨を降り続けさせ
　ることが出来る。

　　広島と長崎を比較すれば、長崎の気温は広島よ
　り高く、湿度は広島より低かった。この気象条件
　が長崎では一旦雨として降雨し、しかし水滴が降
　下途中で蒸発してしまい、黒い雨としての降雨は
　少ない現象をもたらした。しかし、広島／長崎は
　放射能環境に覆われて、内部被曝を住民にもたら
　したことには変わりはない。

⑤（原子雲の形成そのものが浮力を中心事項とする）原子雲の成り立ち／構造は熱的起源を持ち、浮力、粘性力が関与する。水平原子雲の移動しながらの生成・発展・消滅が現実の黒い雨降雨の時間経過および地域依存を概略において説明出来るのである。

第４節　衝撃波が原子雲を育てたのではない

　図27 は黒い雨に関する専門家会議に出てくる原子雲の生成原理図である（Glasstone ら）。図 27 は衝撃波が地表に衝突して反射波となり、その反射波が原子雲の真ん中に集中して「トロイドの中心を通る上向通風」となり渦の原因となる、とする説明図である。

　果たして図27 にあるような事情が事実として存在したのだろうか？　衝撃波の効果に関する動画記録を確認することで回答が得られる。回答は「明確な非科学的空想の世界」である。

▶ 原子雲の３秒後の「頭部の横ずれ」は衝撃波の反射波でしか理解出来ない

　図28 は、米軍機から撮影された広島原爆の投下時点から数秒間の動画の１コマである。図28A は原爆がさく裂した直後、図28B は約３秒後の写真である。３秒後は衝撃波の反射波が火球（原子雲頭部）に到達する時間である。図28A の原子雲は真っすぐ繋がっている。ところがほぼ３秒後の図 28B では明らかに頭部が切断され中心軸下部の右側にずれている。

§10.　内部被曝を無視した被爆者援護法の基準は巨大な差別を生んだ　151

約３秒後には衝撃波の反射波が原子雲頭部に到達するのであるが、その反射波の原子雲に対する作用がこの動画に記録されているのである。約３秒後という時間で図のように頭部をずらす物理的原因は衝撃波の反射波しかないのである。

▶「黒い雨に関する専門家会議」らの決定的誤謬

　黒い雨に関する専門家会議の原子雲生成に対する見解は図27で紹介した。放射線影響研究所（放影研）の要覧の「[1] 原子爆弾による物理的破壊」の項には「…（衝撃波が）今度は外側から内側へ逆風が吹き込み、爆心地で上昇気流となってキノコ雲の幹を形成した」と記述される。これが誤謬であることは図28 そのもので明快に証明できる。

▶ わずかな反射面段差（水面か地表か）が反射波の方向をずらす

　衝撃波が地面で反射される際に、地面のわずかな段差（地面と水面の差など）で爆心地ど真ん中の反射波の進行方向がわずかにずれることでこの現象は説明可能である。反射波は原子雲内部を通過するような針状化はせずに、きのこ軸の太さに比してはるかに広域の波面を持つことが合理的な判断である。爆央直下の太田川川面と周辺地面の高さが異なり、反射波の方向をわずかにずらしてしているのである。原子雲内部を通過する上向通風などの仮説に該当する現象は見当たらない。科学に全く当てはまらない空想的仮説である。

▶ 原子雲成長は内在の原因による―水平原子雲の形成と頭部の大きな渦

　原子雲の成長とその大きな渦は気塊が、①高温であること

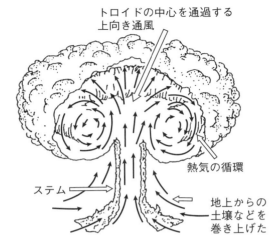

図27 原子雲の形成原理：黒い雨に関する専門家会議報告書資料編（P.108、109）、原典：Glasstone & Dolan: The Effect of Nuclear Weapons (1977)

図28A 原爆さく裂直後　　図28B 約3秒後

図28 広島原爆さく裂直後の原子雲

§10. 内部被曝を無視した被爆者援護法の基準は巨大な差別を生んだ　153

と、②この高温気塊に温度勾配があること、③空気には粘性抵抗があることの結果として生じる自己運動と理解するのが科学的方法論の帰結である。それに爆心地が地表温度4,000℃ほどにも高温化された熱現象と結びついて、一旦は横にずれた（図28B）が、流体連続性としてほどなく再び一直線に繋がれるようになったと推察できる。なお、低空に逆転層があることは気象報告から確認でき、水平原子雲が逆転層に生成することが科学的に矛盾なく説明できたのである。

まとめ

　人間の考察に間違いはありうる。しかしその間違いが一貫して「内部被曝はない」論拠に利用され続けたことは、米国の核戦略により、またその手段として構成されてきたＩＣＲＰ等の内部被曝を見えなくする体系により、虚偽基盤が支えられていたことは、容易に推察できる。内部被曝無視が歴史的に戦後一貫して原爆被災者を苦しめてきたことの罪は大きい。

§11 ＩＣＲＰの科学からの逸脱

第1節　核抑止論と内部被曝隠蔽

　核抑止論（核兵器で威嚇することにより武力行使を防ぐ）は「核拡散防止条約」により体制化され、核兵器禁止条約の実効化を阻止している。核拡散防止条約は核兵器国に核兵器の維持を特権化し、核兵器保有を制限することと、原発（核の平和利用）を普及させるものである。この「核不拡散体制」を裏で支えるものが「内部被曝隠蔽」体制（知られざる核戦争）である。

　外部被曝がγ線によると近似でき、幅広い電離分布をもたらすのに対して、内部被曝はα線、β線も関与し、密集した電離をもたらす。電離が密集するということにより、電離による損傷修復の困難度が桁違いに大きくなる。内部被曝は外部被曝に比して危険度が大きいのである。歴史的に様々な方法・手段で隠蔽が計られてきた。

　内部被曝の元である放射性降下物がないという政治的封じ込め。内部被曝は外部被曝と同じという評価基準を作り上げる。内部被曝を考察対象から外し、内部被曝を見えなくする科学操作や被曝線量評価を臓器あるいは組織単位で計測し、ミクロな高線量を見えなくする計測単位設定、等々政治的にも科学的にもあらゆる隠蔽の手段が体制化する。被曝被害を過小評価する評価体系も猛威を振るった。電離を被る組織を

155

DNAに限定し、活性酸素症候群等の実際の電離対象からの切り離し、被害を生じる疾病の被曝から切り離す。哲学的には、いかに放射線被曝を許容する考え方を市民に受け入れさせるか、の歴史が作られた。特にICRP 2007年勧告は「放射線防護」を旗印にするICRPがこともあろうに住民を保護せず原発産業の絶対的継続を前提にした「防護せず」への哲学変化である、「永久に放射能汚染された地域に住民を住み続けさせる」棄民を具体化させた勧告である。

　内部被曝の隠蔽はまさに裏の核抑止論なのである。

第2節　内部被曝を見えなくするための数々の仕組み

---

　§1（なぜ新たな防護体系が必要か？）で主要点を述べたが、附加的に必要事項を述べる。

(1)　リスク評価を吸収線量のみで行うことは科学的記述（因果関係認識）の破壊であり、具体性の捨象である。

　放射線被曝リスクは外部刺激（電離の総数を反映する吸収線量）に依存し、内部応答（電離修復困難度）に依存する。即ち2要素が関与する。しかるにICRPは吸収線量（実効線量）のみに依存するとする。吸収線量はICRPによると、組織・臓器ごとの単位質量当たりの吸収（電離）エネルギーである。認識論的観点から見れば、エネルギーのみを取り扱うことは、電離密度などの一切の具体性（内部応答）を捨象している。

　具体性の内容は放射線の電離作用による損傷の物理的・生物学的修復困難度に関係する。(1)電離の密集度、(2)損傷を修

復するメカニズム、(3)生理学的作用としての「修復力の強化あるいは弱化」等（吸収線量、年齢、性別に関連する）を含む。

ICRPが吸収線量のみの採用ということで一切が捨象された具体性は、科学と人権に立脚する被曝評価では、「電離損傷の修復困難度」（内部応答）として重視される。

(2) 吸収線量の計測を、組織・臓器に限定する方法——方法論としての具体性排除＝内部被曝隠蔽手段

「電離損傷の修復困難度」を考慮対象から除外し、計測対象にさせないための手段としてICRPは計測単位を「臓器あるいは組織」に限定する。

ICRP 1990ではこのことが率直に表現されている[8]：

「吸収線量はある一点で規定できる言い方で定義されているが、1つの組織・臓器内の平均線量を意味するものとして用いる」

この方法はICRP体系自体で全く矛盾するものである。その一例を挙げる：

発がんリスクについてICRPは「……単一細胞内でのDNA損傷反応過程が放射線被曝の後のがんの発生に非常に重要である……」（ICRP 2007勧告[1]）としている。これに対してICRP指定の「臓器ごと」での測定は発がんリスクを全く評価することができない。

単一細胞での発がんリスクを評価できる測定の仕方は、細胞単位での電離の密度、空間的展開、時間的展開をとらえることをしないと危険が評価できない。そうしないとICRPが重要という発がんリスクすら予見できない。前述のごとく飛程の短い放射線の電離を受けると被曝はその局部での集中

§11. ICRPの科学からの逸脱　157

的電離を伴い、それ以外の遠距離部分は全く被曝を受けない。

それをＩＣＲＰ流ではその局部被曝を臓器全体で平均化してしまうのである。ＩＣＲＰのこの手法は、「実効線量体系」では内部被曝の危険隠しに猛威を振るってきた。因果関係を科学として理解／表現する「科学と人権に立脚した放射線被ばく評価体系」では、電離損傷修復困難度をリスクの一要因として正当に評価する。これにより内部被曝の脅威等が正しく評価されるので、ここでは臓器ごとの吸収線量を外部刺激の大きさを測る量として採用する。

第3節　2要因ある因果律を1要因に絞ったＩＣＲＰ基準

1要因に絞った科学違反のＩＣＲＰ基準は大きく分類して次の2項目である。

⑴　放射線加重係数、生物学的等価線量、実効線量⑴

放射線の種類により電離の状況（内部応答）が異なる。1発の放射線の飛程に沿った電離の密度を比較して「放射線加重係数」を設けている。この放射線加重係数が上記「1要因論」による「偽の科学量」である。本当は「損傷修復困難度」であるのに、「線量が大きい」ことにしてしまう「目くらませ」として使われる偽りの科学量である。

α線は飛程の単位長さ当たりのエネルギー：「線エネルギー付与」が極めて大きい。従ってα線の「放射線加重係数」を20とし、β線とγ線を1とする。ＩＣＲＰは吸収線量を「放射線加重係数」倍して、「実効線量」とする。「実効線量」は吸収線量の内容を持つ架空の線量である。

損傷修復困難度の１因子である線エネルギー付与を比較し
ているので、本来電離密度の大きさを反映する損傷修復困難
度を 20 倍にすべきである。

　しかし、ＩＣＲＰは、論理のすり替えを行い、「１要因論」
により、リスクが 20 倍なのは、「吸収線量が 20 倍である」
とするのである。損傷修復困難度が大きいのではなく、吸収
線量が大きいとして架空の物理量「実効線量」を誘導するの
である。

　客観的事実の中で生きる市民は「１要因論」は科学の論理
を歪めて、誤った科学認識を導入する手段であると判断しこ
れを排除する。

⑵　組織加重係数、実効線量⑵

・組織加重係数

　①組織加重係数は、がんなどの組織ごとのリスクを
　　組織全部の全リスクで基準化した係数（100 分比）
　　である。

　　　組織ごとの「組織加重係数」は、ＩＣＲＰ
　　2007 年勧告によると**表7**に示される。

　②「１要因論」を取り、組織ごとのがんリスクは組
　　織毎の実効線量素に比例するとする。実行線量素
　　は説明のためにここだけで使用する用語である。
　　実効線量素をすべて合算すると実効線量となる。
　　言い換えれば実効線量は組織加重係数に応じて各
　　組織に配分される。

　　　実効線量は組織ごとに架空の配分比により配分
　　された生物学的等価線量である。

表7　組織加重係数

組織	加重係数	加重係数の合計
骨髄（赤色）、結腸、肺、胃、乳房、残りの組織	0.12	0.72
生殖腺	0.08	0.08
膀胱、食道、肝臓、甲状腺	0.04	0.16
骨表面、脳、唾液腺、皮膚	0.01	0.04
合計		1.00

残りの組織とは、副腎、胸郭外（ET）領域、胆嚢、心臓、腎臓、リンパ節筋肉、口腔粘膜、膵臓、前立腺（男性）、小腸、脾臓、胸腺、子宮／頸部（女性）である。

③ＩＣＲＰは数学則を犯している。示強変数（加減できない物理量）の「実効線量」を示量変数（加減できる物理量）として足し合わせるのである。数値計算はできても内容は現実にはありえない架空物である。

④もし頭部だけに均一に 100 m Gy の被曝を受けているのならば、頭部全体の組織加重係数が 0.07 であるので、実効線量は 7 mSv とされる。天動説でもびっくりする論理がまことしやかにＩＣＲＰの原理に鎮座することになる。

⑤この考えの背後には、放射線被曝被害をＩＣＲＰが現に認定しているがん等だけのリスクのみに限定するという、多種多様で膨大な健康被害の隠蔽が目的意識として潜んでいる。

⑥膨大な被害とは活性酸素症候群で表わされるようなあらゆる体調不良が含まれる。客観的事実を重

視する市民は、リスクの多種多様性をありのまま
に認識する。放射線が電離・分子切断するあらゆ
る組織を対象に入れ、損傷修復困難度を設定し、
科学的に正当な二元論を求める。

第4節　修復の困難さ──分子切断と生体酵素との対応

　放射線被曝よる損傷は「電離」である。「電離」は「分子
切断」であり原子と原子の結びつきを切断する損傷を与え
る。

　電離密度が高いとなぜ損傷修復リスクが高まるのか？

　損傷を修復する修復素子を生体酵素と一括する。

　損傷された場所にいつでも生体酵素が存在すると損傷は修
復される。

　分子切断が生じた場所に1：1で生体酵素が存在するとい
つでも一瞬のうちに修復がなされるのである。その重要例が
大量の崩壊数にもかかわらず、カリウム40の崩壊に対して
ほとんど健康被害が出ないことで証明される。

　体内で修復作用を担う生体酵素は細胞のあるところ、血液
のあるところ、あらゆるところに存在する。この生体酵素が
待ち受けるところで行われた1個1個の電離は一瞬のうちに
修復されるのである。

　したがって、損傷の生じた密度が高く生体酵素が1：1で
対応できない場合（損傷の生じた局所に損傷の数だけ生体酵素を
集めきれない場合）に修復漏れ（修復失敗）が生じる。

　生体酵素は通常は体内に均等に分布されていると仮定して
よい。それに対して電離が局所的に継続的に行われると修復

§11.　ICRP の科学からの逸脱　161

失敗が生じる。電離密度は損傷修復困難度の重要な物理的因子である。

(1) カリウム40の例

莫大な被曝量であるがリスクがほとんど生じない例を述べる。

ア．カリウム「K40」の例（電離が決定的に分散する）
カリウムは全ての細胞内にあり、存在密度は細胞内の方が細胞外より大きい。決してカリウムだけの微粒子を構成しない。

放射性カリウム40の自然存在比　11.7ppm

K40の崩壊は2過程である。

①β線放出⇒Ca40（89.3%）

②軌道電子捕獲　⇒ Ar40＋ガンマ線（10.7%）

β線のエネルギーは　1.31MeV

γ線のエネルギーは　1,46MeV

イ．放射性カリウムによる電離数は
大人　4,000Bq

吸収線量は　⇒　年間　0.93mGy

β線だけの吸収線量は

1.4×10^{-11}（Gy／秒）

$= 4.4 \times 10^{-4}$（Gy／年）$= 0.44$mGy／年

β線がもたらす分子切断は、1.3億個／秒／全細胞60兆個

これに対し新陳代謝で死滅／生成する細胞は、およそ100万個／秒である。

ウ．毎秒にして全修復

　　この膨大な電離は悉くアトランダムで、「生体
酵素の待ち構えているところで常に電離が生じ
る」と理解可能である。カリウム40の被曝被害
はほとんどないことは、電離（分子切断）が毎秒
で全修復がなされることを物語る。

　　毎秒行われる崩壊は150億細胞当り1個、電離
は機械的に計算するとおよそ46万細胞（1.3億／
60兆）当たりに1個ずつである。

エ．修復素子・生体酵素の存在する場所で電離が生
じると即刻対応できるのである。この場合の修復
成功確率は極めて大である。

オ．逆に言えば、放射線の電離が1局所に集中する
場合はその1局所に生体酵素が集中するのが困難
であり、したがって損傷の修復がなされず、健康
被害が発生する。

(2) 電離（分子切断）の密集の類型

①内部被曝での典型例

　不溶性の放射性微粒子による被曝：α線及びβ線の集中電
離飛程範囲外では被曝ゼロ。劣化ウラン弾のエアロゾールが
典型例。新陳代謝の少ない臓器：心臓、脳組織などには、損
傷が蓄積され、さらに血液循環量が多く被曝線量が多くなる
ので、被害が集中する。

②体内の水（体重の70%）の電離による活性酸素の出現

　活性酸素症候群として吉川敏一氏は「フリーラジカルの関与する病態・疾患」として次の症例を指摘する：浮腫、細胞接着、血管透過性の亢進、血小板凝集、血流障害虚血—再灌流障害、高血圧、動脈硬化、老化、炎症、心筋梗塞、脳梗塞、胃・十二指腸潰瘍、膵炎、潰瘍性大腸炎、虚血性腸炎、薬剤性肝障害、パラコート中毒、肺気腫、腎炎、発がん、がん転移、成人呼吸促迫症候群、ショック、汎発性血　管内凝固、多臓器不全、白内障、未熟児網膜症、自己免疫疾患、糖尿病、ポルフィン血症、溶血性疾患、パーキンソン病、てんかん発作、紫外線障害、放射線障害、凍傷、熱傷。これに準じて身体中に異変が生じる。

　ＩＣＲＰは活性酸素の生成を間接的ＤＮＡの損傷に留め、これら一切を無視する。

③生体酵素

　マクロファージ、白血球（好中球、好酸球、好塩基球、リンパ球、単球）、細胞内顆粒（ミトコンドリア、ミクロソーム）、等

(3)　便宜的適用と科学

　被曝線量計算などの病院等現場適用について、例えばアルファ線の線量を20倍の線量があるとして、計算させるなどの単純化が行われている。複雑な計算を避けて係数倍させるなどの単純化は便利であるが、その単純化が科学に直接取り込まれると重大な「非科学」（恣意的適用）を招く。すでに生物学的等価線量などが架空のものであり、科学的原則を欠いた物理量であることを指摘している。単純化して係数を掛

けるように適用現場の負担軽減のための単純化はあり得ても、科学に反する方法論をとってはならない。

　一般的に放射線を対象に照射するときには、照射線量（Gy）が吸収線量（Gy）として扱われる。これは対象領域内で放射線が消滅することにより叩き出された荷電粒子（電子）がその対象領域内に全て吸収されること（荷電粒子平衡）が成り立ち、質量減衰係数は物質に依存しないことを前提とする。しかしながら、培養細胞の照射実験のように、極めて薄い対象に照射された場合には、荷電粒子平衡が成り立たず、吸収線量は照射線量の百分の１程度でしか無いことが多い。これにより、「100mSv 以下では組織的影響は無い」等の科学を反映していない国際原子力ロビーの論理がサポートされている。科学を適用しない便宜的使用は警戒すべきである。

⑷　被害組織をＤＮＡに限定しない　（被害をがんに留めない）

　放射線被曝による活性酸素症候群等の無視をすでに説いた[10]。原因はＩＣＲＰの放射線被曝被害の隠蔽・過小評価である。過小評価に導く根拠に、電離による分子切断の対象を事実上「ＤＮＡに限る」適用がある。確かに鎖として一次元的な結合を持つＤＮＡは「電離により分子が切断される」という現象が理解しやすい。

　しかし放射線電離は、放射線が衝突した原子そのものが最安定になっている電子構造（隣接する原子の電子と状態を共有する場合および自己原子内で最安定になっている電子同士の結合）を破壊するので、電離したところ全てでその分子の結合に打撃を与える。ＤＮＡに対象を限定することは大きな間違いであり過小評価を導く。細胞膜の破壊、神経組織の破壊等々を

§11.　ICRP の科学からの逸脱　165

つぶさに考察し、その健康被害を事実に即して考察する必要
がある。

§12 科学的リスク評価体系

第1節　評価すべき内部応答

　放射線リスクは2因子から成り立ち、放射線被曝／電離＝
分子切断が1要因で、他の要因は内部応答としての電離損傷
修復困難度である。ICRPは電離修復困難度を一切無視する
体系を作った。これにより内部被曝も外部被曝も同等という
神話を形成した。内部被曝は粒子放射線が被曝の主体となり、
修復困難度が重大化することを隠蔽したのである。客観的事
実の中で生きる市民は内部応答因子としての修復困難度を科
学的に正当に取り上げる必要性を認識する。

　内部応答因子として被曝リスクの場合、電離による損傷の
修復困難度に注目する。以下の事項を考慮すべきである。

⑴　物理学的修復困難度

　放射線電離（分子切断）の密集度、時間的継続性、放射性
微粒子が水溶性であるか不溶性であるかにより被曝様相が異
なる。放射線の線エネルギー付与（線量に反映させるのではな
く、損傷修復係数に位置付けるべき放射線加重係数）。電離による
損傷対象をＤＮＡだけに絞るＩＣＲＰ方式は排除する。

⑵　生物学的修復困難度

　免疫力の強さ。年齢別、男女別、病弱かどうか等の心身状

態により異なる。

臓器の被曝の蓄積度（新陳代謝の度合いと関係）。脳組織や心臓は新陳代謝の非常に少ない臓器であり、電離損傷が蓄積されやすい。

体内での血液集中度（脳組織、心臓、他の臓器）。水溶性放射性微粒子が関与。

生物学的修復困難度は物理学的修復困難度に積算する。

個体の感受性の強さを適用し、「平均適用」を排す。

(3) ホルミシス効果

生物学的修復困難度の中のマイナス効果として位置づけ。放射線損傷と修復は生理学的応答であるから修復力のワクチン的免疫効果として短期的には考慮すべきである。しかし長期的には短命化が深刻な帰結である。

第2節　リスク評価の方程式

ＩＣＲＰの方式は　概念化して示せば次のようなものである。

生体の内部応答としての電離損傷修復困難度を無視し、定数と置き、内部応答の電離損傷修復困難度を無視し、一切の内部応答をブラックボックスに閉じ込めたのである。

被曝リスク＝定数×実効線量
実効線量＝生物学的等価線量×組織加重係数

客観的事実の中で生きる市民は科学的に被曝リスクを記述する体系を必要とする。２因子を正当に取り込むのである。

損傷修復困難度と吸収線量は積算関係にある。

被曝リスク＝定数×損傷修復困難度×吸収線量

　科学と人権に立脚する体系は一切の実効線量システムを廃止する。

　吸収線量とその計測単位はＩＣＲＰの組織／臓器ごとを採用する。

　科学を誠実に反映したリスク評価の基本概念を具体的なリスク評価として具体化する作業が必要である。この様にして、基本的人権を発展させることのできる科学的被曝評価体系を確立することが人類史的に求められている。

参考文献

1) 「国際放射線防護委員会の 2007 年勧告」日本アイソトープ協会
http://www.icrp.org/docs/P103_Japanese.pdf

2)① The Law of Belorussian SSR - "On Social Protection of Citizens
Affected by the Catastrophe at the Chernobyl NPP" from the
12th of February 1991,

② The Law of the Ukrainian SSR - "On Status and Social
Protection of Citizens Affected by the Accident at the
Chernobyl NPP", and The Law of Russian Federation -
"On Social Protection of Citizens Affected by Radiation in
Consequence of the Accident at the Chernobyl NPP" from the
15th of May 1991.

日本語では「ウクライナ国家法」(衆議院チェルノブイリ原子力
発電所事故等調査議員団報告書：http://www.shugiin.go.jp/itdb_
annai.nsf/html/statics/shiryo/201110cherno.htm)

③ The Russian federal Law -"On Social Protection of Citizens
Who Suffered in Consequence of the Chernobyl Catastrophe"
adopted on the 12th of May 1991.

3)① ウクライナ緊急事態省『チェルノブイリ事故から 25 年：将来へ
向けた安全性』2011 年ウクライナ国家報告 2016（京都大学原子
炉実験所翻訳）

② A.V. ヤブロコフら『チェルノブイリ被害の全貌』岩波書店 (2013)

③ ウラディミール・チェルトコフ監督『真実はどこに』(原題「核
論争」) https://www.bing.com/videos/search?q=%e7%9c%9f%
e5%ae%9f%e3%81%af%e3%81%a9%e3%81%93%e3%81%ab&doci
d=608028490929212060&mid=DA3B9D13D78B9A00F24ADA3B9
D13D78B9A00F24A&view=detail&FORM=VIRE

4) 『ONE DECADE AFTER CHERNOBYL』Summing Up the
Consequences of the Accident, Proceedings of an International

Conference, Vienna, 8-12 April 1996, IAEA STI/PUB/1001. p.519, p.546.

5) 文科省「福島県内の学校の校舎・校庭等の利用判断における暫定的考え方について」（平成 23 年 4 月 19 日 原子力災害対策本部）https://www.mext.go.jp/a_menu/saigaijohou/syousai/1305173.htm

6) 国連UNHCR協会　https://www.japanforunhcr.org/refugee-facts/statistics

7)① Sheila Jasanoff『Science at the Bar: Law, Science, and Technology in America』, Harvard University 97（1995）〈法と科学〉の日米比較行政法政策論―シーラ・ジャサノフ『法廷に立つ科学』の射程―（吉良・定松・寺田・佐野・酒井）Press: Cambridge.（2015、渡辺千原・吉良貴之監訳『法廷に立つ科学――「法と科学」入門』勁草書房）

② 吉良貴之ら、年報　科学・技術・社会、第 26 巻（2017）、71-102 頁、Japanese Journal for Science, Technology & Society、VOL. 26(2017), pp. 71–102

8)① ＩＣＲＰ 1990 勧告：吸収線量は、ある一点で規定することができる言い方で定義されている。しかし、この報告書では、特に断らないかぎり、１つの組織・臓器の平均線量を意味する（2.2 基本的な線量計測量）。
放射線防護上関心のあるのは、一点における吸収線量でなく組織・臓器にわたって平均し、線質について加重した吸収線量である。（2.2.2 等価線量）

② ＩＣＲＰ 2007 年勧告　付属書B　B.3.2、B.5.1

9) ＩＣＲＰ 2007 年勧告付属書A

10) 吉川敏一『フリーラジカルの医学』京府医大誌　120（6），381 〜 391，（2011）

11)① 中川保雄『増補 放射線被曝の歴史―アメリカ原爆開発から福島原発事故まで―』明石書店（2011）

② 矢ヶ﨑克馬『放射線被曝の隠蔽と科学』緑風出版（2021）

12) 森鍵一裁判長　大阪地裁　共同通信 2020 年 12 月 4 日

13) 樋口英明裁判長、福井地裁、2014 年 5 月 21 日

樋口英明『私が原発を止めた理由』旬報社（2021））

14）　矢ヶ﨑克馬「隷従の科学」（長崎被爆体験者訴訟甲Ａ133、2014）

15）　https://ja.wikipedia.org/wiki/ ストックホルム・アピール

16）　Alice Stewart　https://en.wikipedia.org/wiki/Alice_Stewart）

17）① 放射線影響研究所『寿命調査第 14 報（LSS14）』（2012）

　② Hauptmann et al.: J Natl Cancer Inst Monogr. 2020 Jul 1; 2020
　　 ⑸⑹:188-200.

　③ 『Health Risks from Exposure to Low Levels of Ionizing
　　 Radiation』: BEIR VII Phase 2（2006）, P.311

18）　原子力安全条約　公衆限度　第 6 回日本国報告書　H25 年 8 月
　　 実用発電用原子炉の設置、運転等に関する規則、労働安全衛生法、
　　 電離放射線障害防止規則（電離則）、等（「実用発電用原子炉の設
　　 置、運転等に関する規則」の規定に基づく線量限度等を定める告
　　 示によれば、住民の居住する「周辺監視区域」とは、「管理区域
　　 の周辺の区域であって、当該区域の外側のいかなる場所において
　　 もその場所における線量が経済産業大臣の定める線量限度を超え
　　 るおそれのないものをいう（規則第 1 条）。」
　　 その線量限度は（実効線量として）「一年間につき一ミリシーベ
　　 ルト（1 mSv）」と定められている（告示第 3 条）。
　　　 ここで重大なことは線量限度が設定されているその線量は地域
　　 についての環境量としての線量である。ここで用いられている実
　　 効線量の内容はアルファ線汚染の場合は放射線荷重係数を加味す
　　 るという内容である。

19）　矢ヶ﨑克馬編集『原発事故避難者アンケート報告集』2015 年 10
　　 月 21 日（あけぼの印刷）

20）　矢ヶ﨑克馬「放射線被曝の健康被害」（長崎被爆体験者訴訟甲Ａ
　　 156、2015）

21）① 復興庁『放射線のホント』、文科省『放射線副読本』

　② 厚労省「海外における食品中の放射性物質に関する指標」資料 5

22）①　INES: The International Nuclear and Radiological Event Scale
　　 User's Manual, 2008 Edition（2013年版）　http://www-pub.iaea.
　　 org/books/iaeabooks/10508/INES-The-International-Nuclear-
　　 and-Radiological-Event-Scale-User-s-Manual-2008-Edition

② 国際原子力事象評価尺度：https://ja.wikipedia.org/wiki/ 国際原子力事象評価尺度

23)① 原子力基本法（昭和三十年法律第百八十六号）https://elaws.e-gov.go.jp/document?lawid=330AC1000000186

② 産経新聞2017 年 9 月17 日『たたき潰される『核武装論』』https://www.sankei.com/article/20170917-GJ5QWYHG6ZNSZA4K3GJPOZ4QTM/

24)　矢ヶ﨑克馬：日本の科学者 53　100（2018）

25)① USSR State Committee,『The Accident at the Chernobyl Nuclear Power Plant and Its Consequences』, August 1986. —A.

② Stohl et al.: Atmos. Chem. Phys. Discuss., 11, 28319 (2011)

③ UNSCEAR（国連科学委員会）2013 年報告書

26)　Chernobyl Forum. IAEA 2005

27)① 渡辺悦司ら『放射線被ばくの争点』緑風出版（2016）

② 山田耕作・渡辺悦司「福島事故による放射能放出量はチェルノブイリの 2 倍以上」http://acsir.org/data/20140714_acsir_yamada_watanabe_002.pdf

28)　原子力規制委員会：平成 23 年 12 月 2 日第 117 回放射線審議会資料第 117-4-2 号（参考）指定廃棄物の指定基準（8,000Bq ／kg）について

29)　原子力規制庁監視情報課 緊急時モニタリングについて

30)① 井戸川克隆『なぜわたしは町民を埼玉に避難させたのか』駒草出版（2015）

② 佐藤康雄『ＳＰＥＥＤＩ何故活かされなかったか』東洋書店（2013）

31)　環境省「追加被曝線量年間 1 ミリシーベルトの考え方」（平成 23 年 10 月 10 日災害廃棄物安全評価検討会・環境回復検討会 第 1 回合同検討会 資料（別添 2 ））

32)① 山下俊一（福島県放射線健康リスク管理アドバイザー）：いわき市、福島市講演会　等

② 子ども脱被曝裁判　平成 26 年(行ウ)第 8 号、平成 27 年(行ウ)第 1 号　原告準備書面(5)第 5 『アドバイザー山下俊一の発言問題について』（訴状請求原因第 4 ）

③ Human Rights Now『原発事故の影響を受けた人々に対する甲状腺等の検査態勢の抜本的改善を求める』（2012 年 9 月 3 日）

④ Days Japan『告発された医師』 Vol.9、No.11（2012 年 10 月）

33） 東京電力原子力事故により被災した子どもをはじめとする住民等の生活を守り支えるための被災者の生活支援等に関する施策の推進に関する法律（平成 24 年）

34） 経済産業省『ALPS 汚染水の海洋放出について』 2023 年 8 月 24 日の 13 時ごろ、東京電力が福島第一原発敷地内に貯留されている「ALPS 処理汚染水」の海洋放出を開始しました。放出は今後 30 年程度続く見込み。https://www.meti.go.jp/speeches/danwa/2023/20230824.html

35） 国際原子力機関『チェルノブイリ原発事故による環境への影響とその修復』（2006）（日本学術会議翻訳）

36）① 農林省「食べて応援しよう」
https://www.maff.go.jp/j/shokusan/eat/

② 復興庁「風評払拭リスクコミュニケーション強化戦略」
http://www.fukko-pr.reconstruction.go.jp/2017/senryaku/

37） 環境省 第 8 章 食品中の放射性物質 8.1 食品中の放射性物質対策 基準値の計算の考え方
https://www.env.go.jp/chemi/rhm/h30kisoshiryo/h30kiso-08-01-09.html

38） 矢ヶ﨑克馬 最新重要調査発表・特設ページ | houshanou-kougai（phoenixpmy.wixsite.com）

① 人口動態調査へのアクセス方法

1. 政府統計の総合窓口トップページ https://www.e-stat.go.jp

2. 〝分野から探す〟ボタンをクリックすると下の URL に移動する
https://www.e-stat.go.jp/statistics-by-theme/

3. 人口・世帯の項目一覧中の人口動態調査をクリックすると下のURLに移動する。https://www.e-stat.go.jp/stat-search/files?page=1&toukei=00450011

4. 人口動態調査をクリックすると下の URL に移動する。https://www.e-stat.go.jp/stat-search/files?page=1&toukei=00450011&tstat=000001028897&second=1

5. 一覧表の死亡年次をクリックすると下の URL に移動する。
https://www.e-stat.go.jp/stat-search/files?page=1&layout=datalist&toukei=00450011&tstat=000001028897&cycle=7&tclass1=000001053058&tclass2=000001053061&tclass3=000001053065&second=1&second2=1

6. 以下が表示される
　　　調査年を選択
　　　政府統計名　　　人口動態調査
　　　提供統計名　　　人口動態調査
　　　提供分類 1　　　人口動態統計
　　　提供分類 2　　　確定数
　　　提供分類 3　　　死亡

②福島県人口、南相馬市人口死亡数は福島県 HP：https://www.pref.fukushima.lg.jp/sec/11045b/16890.html

③参考にすべき論述は、矢ヶ﨑克馬『南相馬市の死亡率増加は『帰還』の危険性を物語るのか？』https://www.sting-wl.com/yagasakikatsuma30.html

④死亡の動き：https://www.soumu.go.jp/main_sosiki/singi/toukei/meetings/kihon_56/siryou_1l.pdf

⑤平均寿命：http://www.garbagenews.net/archives/1940398.html
矢ヶ﨑克馬『放射線被曝の隠蔽と科学』緑風出版（2021）

⑥－1 藤部文昭（2013）『暑熱（熱中症）による国内死者数と夏季気温の長期変動』　天気 60(5) p.15-,

⑥－2 藤部文昭（2016）『低温による国内死者数と冬季気温の長期変動』天気 63(6) p.469

39)① 放射線管理区域 4 万 Bq／㎡以上に汚染された市町村マップ（2012 年 7 月現在）
http://www.radiationexposuresociety.com/archives/5934
この図は、沢野伸浩氏が文科省航空モニタリングの結果から作成し、「内部被曝を考える市民研究会」が紹介している：[作成] 沢野伸浩（金沢星陵大学）、[出典] 今中哲二『放射能汚染と災厄—終わりなきチェルノブイリ事故の記録—』明石書店、[編集] 川根眞也

② 文科省報道発表『第 6 次航空モニタリング測定結果、および…」
chrome-extension://efaidnbmnnnibpcajpcglclcfindmkaj/
https://radioactivity.nra.go.jp/cont/ja/results/airborne/air-
dose/191_258_0301_18.pdf

③ 地球の子ども新聞 No.132（2012 年 11 月）

40) 井上淳一監督『大地を受け継ぐ』 https://daichiwo.wordpress.com/

41) 避難指示区域、福島県HP https://www.pref.fukushima.lg.jp/
sec/11050a/

42) ふくしま復興情報「全量全袋検査について」
https://www.pref.fukushima.lg.jp/site/portal/89-3.html

43)① THE INTERNATIONAL CHERNOBYL PROJECT, AN
OVERVIEW（ＩＡＥＡ国際諮問委員会報告書 1991）

② 吉田由布子『チェルノブイリ被害調査・救援』女性ネットワーク
2016 年 5 月 29 日於：工学院大学

③ ＩＡＥＡ報告書に対する反論（今中哲二訳）、技術と人間 1992 年
9 月号

44)① Tsuda et al.:Epidemiology 27 316-(2016)、津田敏秀ら『甲状腺がん
データの分析結果』科学 87 (2) 124 −(2017)

② 松崎道幸『福島の検診発見小児甲状腺がんの男女比（性比）は
チェルノブイリ型・放射線被曝型に近い』

③ 豊福正人「『自然発生』ではあり得ない〜放射線量と甲状腺がん
有病率との強い相関関係〜」
https://drive.google.com/file/d/0B230m7BPwNCyMjlmdTVOdThtbEE/
view
矢ヶ﨑克馬『甲状腺がん−スクリーニング効果ではない』
https://www.sting-wl.com/yagasakikatsuma2.html
矢ヶ﨑克馬『福島の甲状腺がんの 75％は放射線原因』
https://www.sting-wl.com/yagasakikatsuma21.html

⑥ "Minimum Latency & Types or Categories of Cancer" John
Howard, M.D. Administrator World Trade Center Health
Program, 9.11 Monitoring and Treatment, Revision: May 1, 2013.
http://www.cdc.gov/wtc/pdfs/wtchpminlatcancer2013-05-01.pdf

⑦ 加藤聡子ら Cancers 15 ⒅ 4583 2023

⑧ 医療問題研究会『甲状腺がん異常多発と広範な障害の増加』耕文社、（2015）

⑨ 甲状腺被曝の真相を明らかにする会『福島甲状腺がん多発』耕文社、（2022）

45）① http://www.nsr.go.jp/archive/nsc/info/20120913_2.pdf

② 福島原発事故の真実と放射能健康被害 「SPEEDI甲状腺被曝調査の致命的ミスを今、暴露する！実測結果まとめ」
https://www.sting-wl.com/speedi100mSv.html

③ Cardis etal.『Risk of thyroid cancer after exposure to 131I in childhood』J Natl Cancer Inst 97: 724-732（RS）（2006）JNCI Journal of the National Cancer Institute 98（8）

④ Likhtarev et al.:Health Phys 1995 Oct; 69（4）: 590

⑤ 山下俊一ら：Lancet 2001 Dec 8; 358（9297）: 1965-6. doi: 10.1016/S0140-6736（01）06971-9.
https://pubmed.ncbi.nlm.nih.gov/11747925/

⑥ Tronko MD et al.:『Thyroid carcinoma in children and adolescents in Ukraine after the Chernobyl nuclear accident: statistical data and clinicomorphologic characteristics』Cancer. 1999 Jul 1; 86（1）: 149-56.

⑦ 環境省「甲状腺線量の比較」
https://www.env.go.jp/chemi/rhm/h28kisoshiryo/h28kiso-03-06-26.html

⑧ 原子力安全委員会事務局『小児甲状腺被曝調査に関する経緯について』（2012年9月13日）
https://www.iwanami.co.jp/kagaku/20120913_2.pdf

⑨ 第24回県民健康調査検討委員会福島調査・甲状腺がん疑い2巡目だけで59人〜計174人
http://www.ourplanet-tv.org/?q=node/2059

⑩ 第42回福島県民健康調査検討委員会（2021年7月26日）

46）① 山下俊一「福島県における小児甲状腺超音波検査について」首相官邸
https://www.kantei.go.jp/saigai/senmonka_g62.html

② UNSCEAR：2020報告書

47)① 2019 年 6 月 3 日：第 13 回甲状腺検査評価部会　資料 1 - 2
https://www.pref.fukushima.lg.jp/uploaded/attachment/311587.
pdf

② 2019 年 7 月 8 日：第 35 回検討委員会「甲状腺検査本格検査（検査 2 回目）結果に対する部会まとめ」

③『朝日新聞』、2021 年 3 月 9 日。https://www.asahi.com/articles/ASP395JSWP37UGTB00H.html

48)　濱岡豊『福島甲状腺検査の問題点』学術の動向　2020/3、pp34〜

49)　核の科学教材研究会編『核の科学』、矢ヶ﨑克馬、第 7 章、あけぼの印刷（2024 予定）

50)　Preston『Longevity of Atomic-bomb survivors（原爆被爆者の長寿化）』Lancet 356 303-07（2000）

51)　吉川敏一『酸化ストレスの科学』診断と治療社（2014）

52)　「公衆衛生がみえる」2018 - 2019 p.48（医療情報研究所：2018/3/9

53)　N. Saji et al.：Scientific Reports volume 9, Article number: 19227（2019）　https://doi.org/10.1038/s41598-019-55851-y

54)　国立難病情報センター　https://www.nanbyou.or.jp/entry/1356

55)① Romanenko et al.: Carcinogenesis vol.30 no.11 pp.1821–1831, 2009

② Morimura et al.: Oncol Rep., 11:881-886, 2004

③ 家根旦有「耳鼻咽喉科領域の分子生物学、分子遺伝子学」日本耳鼻咽喉科学会（1998）https://www.jstage.jst.go.jp/article/jibiinkoka1947/101/2/101_2_244/_pdf

56)　児玉龍彦『内部被曝の真実』幻冬舎新書、2011 年 11 月

57)　Scherb, H.H., K. Mori,and K. Hayashi『Increases in perinatal mortality in prefectures contaminated by the Fukushima nuclear power plant accident in Japan: A spatially stratified longitudinal study』：Medicine（Baltimore), 2016. 95(38): p. e4958.

58)　Kaori Murase et al.『Complex congenital heart disease operations in babies increased after Fukushima nuclear power plant accident』、Journal of the American Heart Association に 2019 年 3 月 13 日掲載

Nationwide Increase in Complex Congenital Heart Diseases After the Fukushima Nuclear Accident, Journal of the American Heart Association, 2019;8:e009486. DOI:10.1161/ JAHA,118.009486

59) Kaori Murase et al. 『Nationwide increase in cryptorchidism after the Fukushima nuclear accident』「Urology」、2018 年 5 月 8 日掲載

60) 及川友好：第 183 回国会衆議院震災復興特別委員会参考人（2013 年 5 月 8 日）
https://www.shugiin.go.jp/internet/itdb_kaigirokua.nsf/html/ kaigirokua/024218320130508007.htm
http://kiikochan.blog136.fc2.com/blog-entry-2964.html

61) ウクライナとベラルーシの人口変動：http://www.inaco.co.jp/ isaac/shiryo/genpatsu/ukraine1.html

62) 福島県 HP 学校基本統計
https://www.pref.fukushima.lg.jp/sec/11045b/17063.html
⇒各年度⇒基本調査（全文）　統計表（特別支援学校、付表）

63) 厚労省、患者調査の概況、2019、2020 統計表 2
//efaidnbmnnnibpcajpcglcfindmkaj/https://www.mhlw.go.jp/ toukei/saikin/hw/kanja/20/dl/kanjya.pdf

64) 順天堂大学医学部附属順天堂医院　診療実績　2017、2023
https://hosp.juntendo.ac.jp/clinic/department/junkan/results. html

65) 厚労省障害児・発達障害者支援室 2018 資料

66) 文科省令和 2 年度児童生徒の問題行動・不登校等生徒指導上の諸 課題に関する調査結果の概要　いじめの状況について
https://www.mext.go.jp/a_menu/shotou/seitoshidou/1302902. htm

67) 日本学生支援機構　障害のある学生の修学支援に関する実態調査
https://www.jasso.go.jp/statistics/gakusei_shogai_syugaku/ index.html#:~:text=%E4%BB%A4%E5%92%8C4%E5%B9%B4 %E5%BA%A6%EF%BC%882022%E5%B9%B4%E5%BA%A6% EF%BC%89%E8%AA%BF%E6%9F%BB%E7%B5%90%E6%9

E%9C,-%E8%AA%BF%E6%9F%BB%E7%B5%90%E6%9E%9C
%E6%A6%82%E8%A6%81&text=%E4%BB%A4%E5%92%8C
4%E5%B9%B45,%E6%A0%A1%E5%A2%97%E3%81%A8%E3
%81%AA%E3%82%8A%E3%81%BE%E3%81%97%E3%81%9F
%E3%80%82

68) アイリーン・ウェルサム『The Plutonium Files（プルトニウム
ファイル）』渡辺正訳、翔泳社、2013、第 11 章

69) 米軍資料『原爆投下の経緯』東方出版（1996） 資料 E

70) 広島平和記念資料館　原子爆弾災害調査研究特別委員会と日米合
同調査団
https://hpmmuseum.jp/virtual/VirtualMuseum_j/exhibit/
exh0307/exh03076.html

71)① 原子爆弾被爆者の医療等に関する法律
https://www.shugiin.go.jp/internet/itdb_housei.nsf/html/
houritsu/02619570331041.htm

　② 原子爆弾被爆者に対する援護に関する法律 https://elaws.
e-gov.go.jp/document?lawid=406AC0000000117_20220617_504
AC0000000068

　③ 原子爆弾被爆者に対する援護に関する法律施行令
https://elaws.e-gov.go.jp/document?lawid=407CO0000000026_20
240401_506CO0000000114

72) 厚労省「被爆者援護施策の歴史」
https://www.mhlw.go.jp/stf/newpage_13422.html

73) 矢ヶ﨑克馬「低空で水平に広がる円形原子雲」『原爆「黒い雨」
訴訟』Ⅲ黒い雨の科学、 本の泉社（2023）

74) 矢ヶ﨑克馬『隠された被曝』新日本出版社（2010）

75) 裁判例結果詳細　下級裁判所判決例速報。令和 3 年 7 月 14 日、広
島高等裁判所第 3 部　https://www.courts.go.jp/app/hanrei_jp/
detail4?id=90607

76) 広島市 HP「広島の『黒い雨』に遭われた方へ」https://www.
city.hiroshima.lg.jp/soshiki/69/261039.html

77)① ラジオリビング館　https://living.blog.jp/archives/51950336.
html?ref=foot_btn_prev&id=1802180

② ウィンドファーム　https://www.windfarm.co.jp/blog/blog_kaze/post-7997

78)　厚労省　原爆被爆者対策基本問題懇談会意見報告（概要）
https://www.mhlw.go.jp/content/10901000/000694125.pdf

79)　長崎市 HP　第二種健康診断　https://www.city.nagasaki.lg.jp/heiwa/3010000/3010200/p002210.html

80)　黒い雨に関する専門家会議：黒い雨に関する専門家会議報告書（1991）

81)　Glasstone and Dolan『Effect of Nuclear Weapons』、United States Department of Defense and the Energy Research and Development Administration（1977）
https://www.fourmilab.ch/etexts/www/effects/

82)　肥田舜太郎『内部被曝研究会への思い』、市民と科学者の内部被曝問題研究会 HP（2013）http://acsir.org/hida_shuntaro.php

83)　今中哲二『広島原爆の黒い雨に伴う沈着放射能からの空間線量見積もり』、広島原爆〝黒い雨〟にともなう放射性降下物に関する研究の現状：広島〝黒い雨〟放射能研究会（2010）

あとがき

　科学と人権の目で、ＩＣＲＰを分析し、批判してきた。科学と人権に立脚した正当な体系を打ち立てる以外に対処方法はないと考える。

　憲法で位置付けられた基本的人権に基づく「主権在民」の立場から行政を振り返ると、被爆者援護法から内部被曝を排除していままでそれを改めていない日本政府が存在する。東電事故に際しては原子力災害対策特措法を無視して、法律で決められている組織を立ち上げず、法定外の組織を立ち上げた。法律で定められた線量規制、１mSv／年をかなぐり捨て20mSv／年とした。憲法どころか、国際人権法、国際人道法に反した避難者扱いを強行した。法治主義を放棄し、主権を放棄し、国際原子力ロビーの「防護せず」をそのまま受け入れるかいらい政権となった。

　広域で大量な避難民を出したチェルノブイリ法下の周辺国の「住民防護」事態の再現を拒否し、巨大な国家出費を免れたのだ。

　法治主義放棄は「日本人自身の膨大な被害」を生みだした。本書に記録したが、原子力村は無言でやり過ごす。９年間で63万人の死亡者異常増加と57万人の死亡者異常減少を来たし、見かけ上でも７万人程度の死亡者異常増加をもたらした（§７。厚労省、人口動態調査、性別年齢別死亡率等）。

　主権なき国家は民を守らない。

日本政府は原爆被爆時と変わらない核権力、核抑止、核産業権力に従って内部被曝を無視し内部被曝を強制した。

　今後この「知られざる核戦争」の餌食として人類は2度と「無条件降伏」してはならない。

　矢ヶ崎の連れ合い沖本八重美は、広島で最も年若い胎内被爆者であった。東電原発が放射能を大量放出したとき、「被爆者の内部被曝の苦しみを福島に繰り返してはならない」と強い危機感を持ち、福島へ何度となく懇談に通った。沖縄では避難者支援組織「つなごう命の会」を作った。2013年の1月、心臓発作が彼女を襲った。倒れた際の措置で、冠動脈などの狭窄はなかったことが確認された。新陳代謝のほとんどない心筋は電離損傷が蓄積される。それで彼女の心筋は脆くなってしまっていたのだ。矢ヶ崎自身もまさに同時期に心臓の下半分が麻痺状態となり、大脳が直径で5cmほども萎縮するという異変に瀕していた。独自の健康回復措置をして幸いにも生き延びた。

　「克馬くーん、内部被曝の告発いつまでも！　地球の未来が掛かっているよ。八重美の言うことも聞いて頑張れ！」と私が70歳になったときの激励が今も背中を押す。せっかく生き残ったのだから頑張らないといけないね。放射線被曝防護に関する歪みを見てしまった以上、その歪みを皆さんに知ってもらわないといけない。ＩＣＲＰに取って代わる「放射線リスク日本委員会（仮称）」を立ち上げましょうぞ。科学的で人権に立脚した防護体系を、誰にでも分る形式で定式化することが、人類を「核地獄」から救う光となる。その意味で本書がその一助となることを期待する。

　この小論を八重美と全ての被曝被災者に捧げる。

大熊直彦氏には丁寧に原稿をチェックしていただきました。

　山田耕作氏および藤岡毅氏には科学的、人権的視点で議論をいただきました。

　松元保昭氏と伊藤路子氏およびつなごう命の会の皆様には、暖かい激励を頂きました。

　また高須次郎氏と緑風出版の方々には出版に当たって懇切な対応をいただきました。

　皆々様に謹んで感謝致します。

2024 年 11 月吉日　　矢ヶ﨑克馬

［著者略歴］

矢ヶ﨑克馬（やがさき　かつま）

1943年生、物性物理学者（理学博士）

1974年～2009年、琉球大学勤務。理学部長、学生部長等歴任、名誉教授

2003年～原爆症認定集団訴訟、長崎被爆体験者訴訟、黒い雨訴訟等法廷支援

2011年、衆議院・参議院、参考人

2012年、久保医療文化賞受賞

避難者支援運動―「放射能公害被災者に人権の光を！」つなごう命の会

著書に『力学入門』裳華房（1994）、『放射能兵器劣化ウラン』技術と人間（2003）、『隠された被曝』新日本出版社（2010）、『内部被曝』岩波ブックレット（2014）、『放射線被曝の隠蔽と科学』緑風出版（2021）等

JPCA 日本出版著作権協会
http://www.jpca.jp.net/

本書の無断複写（コピー）は著作権法上の例外を除き禁じられています。なお、複写など著作物の利用などのお問い合わせは日本出版著作権協会（03-3812-9424）までお願いいたします。

放射線防護の科学と人権

2024 年 12 月 28 日　初版第 1 刷発行　　　　　　定価 2,500 円 + 税

著　者　矢ヶ﨑克馬Ⓒ
発行者　高須次郎
発行所　緑風出版
　　　　〒 113-0033　東京都文京区本郷 2-17-5　ツイン壱岐坂
　　　　［電話］03-3812-9420　［FAX］03-3812-7262
　　　　［郵便振替］00100-9-30776
　　　　［E-mail］info@ryokufu.com［URL］http://www.ryokufu.com/

装　幀　斎藤あかね
制　作　アイメディア　　　　　　印　刷　中央精版印刷
製　本　中央精版印刷　　　　　　用　紙　中央精版印刷　　　　　E1000

〈検印廃止〉乱丁・落丁は送料小社負担でお取り替えします。
Yagasaki KatsumaⒸ Printed in Japan　　　ISBN978-4-8461-2415-1　C0036

◎緑風出版の本

■全国どの書店でもご購入いただけます。
■店頭にない場合は、なるべく書店を通じてご注文ください。
■表示価格には消費税が加算されます。

放射線被曝の隠蔽と科学

矢ヶ﨑克馬著

A5判上製
276頁
3200円

放射線被曝防護の基準はこれまで核推進国家や企業に有利に制定されてきた。本書は、国際放射線防護委員会等の防護の考え方や基準を科学の目で批判、放射線被曝からどう市民のいのちと暮らしを守るかを考える。

放射能汚染の拡散と隠蔽

小川進・有賀訓・桐島瞬著

四六判並製
292頁
1900円

フクシマ第一原発は未だアンダーコントロールになっていない。放射能汚染は現在も拡散中である。週刊プレイボーイ編集部が携帯放射能測定器をもって続けている現地測定と東京の定点観測は汚染の深刻さを証明している。

原発に抗う
『プロメテウスの罠』で問うたこと

本田雅和著

四六判上製
232頁
2000円

「津波犠牲者」と呼ばれる死者たちは、今も福島の土の中に埋もれている。原発的なるものが、いかに故郷を奪い、人間を奪っていったか……。五年を経て、何も解決していない現実。フクシマにいた記者が見た現場からの報告。

フクシマの荒廃
フランス人特派員が見た原発棄民たち

アルノー・ヴォレラン著／神尾賢二訳

四六判上製
二一二頁
2200円

フクシマ事故後の処理にあたる作業員たちは、多くを語らない。「リベラシオン」の特派員である著者が、彼ら名も無き人たち、残された棄民たち、事故に関わった原子力村の面々までを取材し、纏めた迫真のルポルタージュ。